网络空间安全丛书

勒索软件预防、检测与响应手册

[美] 罗杰·A. 格莱姆斯(Roger A. Grimes) 著

赵超杰 徐坦 栾浩 王文娟 高崇明 译

清华大学出版社

北　京

北京市版权局著作权合同登记号　图字：01-2023-5931

Roger A. Grimes
Ransomware Protection Playbook
978-1-119-84912-4
Copyright©2022 by John Wiley & Sons, Inc.
All Rights Reserved. This translation published under license.
Trademarks: WILEY and the Wiley logo are trademarks or registered trademarks of John Wiley & Sons, Inc. and/or its affiliates, in the United States and other countries, and may not be used without written permission. All other trademarks are the property of their respective owners. John Wiley & Sons, Inc. is not associated with any product or vendor mentioned in this book.
本书中文简体字版由 Wiley Publishing, Inc. 授权清华大学出版社出版。未经出版者书面许可，不得以任何方式复制或抄袭本书内容。
Copies of this book sold without a Wiley sticker on the cover are unauthorized and illegal.

本书封面贴有 Wiley 公司防伪标签，无标签者不得销售。
版权所有，侵权必究。举报：010-62782989，beiqinquan@tup.tsinghua.edu.cn。

图书在版编目(CIP)数据

勒索软件预防、检测与响应手册 / (美) 罗杰·A. 格莱姆斯 (Roger A. Grimes) 著；赵超杰等译. -- 北京：清华大学出版社, 2025. 3. -- (网络空间安全丛书).
ISBN 978-7-302-68288-2

Ⅰ. TP393.08-62
中国国家版本馆 CIP 数据核字第 2025M6A041 号

责任编辑：王　军
封面设计：高娟妮
版式设计：恒复文化
责任校对：成凤进
责任印制：杨　艳

出版发行：清华大学出版社
　　　　网　　　址：https://www.tup.com.cn，https://www.wqxuetang.com
　　　　地　　　址：北京清华大学学研大厦 A 座　　邮　　编：100084
　　　　社 总 机：010-83470000　　　　　　　　邮　　购：010-62786544
　　　　投稿与读者服务：010-62776969，c-service@tup.tsinghua.edu.cn
　　　　质 量 反 馈：010-62772015，zhiliang@tup.tsinghua.edu.cn
印 装 者：大厂回族自治县彩虹印刷有限公司
经　　销：全国新华书店
开　　本：148mm×210mm　　印　　张：8.125　　字　　数：249 千字
版　　次：2025 年 4 月第 1 版　　印　　次：2025 年 4 月第 1 次印刷
定　　价：69.80 元

产品编号：097320-01

译 者 序

当今，数字文化、数字中国、新质生产力、数据要素、数字化转型、数字科技的迅猛发展给社会带来了前所未有的便利和机遇，重新定义了社会和商业的运作模式。在全国各行各业的共同努力下，数字化创新成果累累，取得了长足进步；而新质生产力的崛起则是数字化转型的重要标志之一，为全社会带来了更高效、更智能的生产方式，推动着经济增长与创新发展。全社会已进入数字时代，数据总量不断快速增加，人们必须清醒认识到数字时代不仅是技术上的革新，更是一场全方位的变革，涉及组织、文化、技术、社会和安全等多方面的风险。然而，新型的网络安全、数据安全和隐私保护的威胁与风险也随之而来，数字安全阴霾愈演愈烈。

在数字化转型浪潮中，数据安全与隐私保护(DSPP)的相关风险凸显，其中勒索软件类安全威胁也如影随形，逐渐演变成最棘手的问题之一。勒索软件、勒索团伙以及附属团伙所带来的挑战时刻提醒着组织和个人：数字社会的便利与风险并存，需要全社会、所有组织和个人时刻保持警惕，强化数据安全和隐私保护意识，采取更有效的防范控制措施，共同守护数字世界的安全与和平。

目前，各行各业的数据安全和隐私保护问题日益突出，勒索软件攻击事故频发，给各类组织、个人乃至整个社会带来严重威胁。勒索软件成为勒索软件团伙的利器，勒索软件团伙通过使用勒索软件恶意攻击组织和个人的设备、非法加密或限制文件和数据的访问、未经授权泄露组织和个人的数据与隐私，并胁迫受害方支付赎金用于解锁或恢复组织和个人的访问权限。

勒索软件攻击事故不仅会给组织和个人造成巨大损失，也会给社会带来严重影响。更有甚者，勒索软件团伙罔顾人类道德，肆意非法公布存在精神缺陷、身体残疾等的弱势人群的医疗诊治记录、就诊影像、诊疗图像和图片等个人医疗类隐私信息；以及涉及青少年、成年女性等敏感人群的刑事案件记录、涉案证据和生活照片等个人司法类隐私信息。勒索软件团伙的不人道行为给受害方组织和个人造成了巨大的精神困扰和痛苦，严重的个案可能导致受害方群体产生轻生念头。

为更有效地预防和响应勒索软件威胁，加强社会整体数据安全，政府和组织应投入更多资源用于加强网络安全和隐私保护，开展安全意识宣贯与培训，提高普通民众识别和响应勒索软件等威胁的能力。同时，要采取缓解控制措施，如定期备份重要文件，使用可靠的安全软件和工具等。此外，国与国之间要积极开展合作，追踪和打击勒索犯罪团伙，共同预防和应对勒索软件等网络和数据安全威胁。

总之，随着数字化转型的不断深入，网络和数据安全威胁也势必成为首要威胁之一。为此，组织和个人需要加强网络和数据安全建设、提高安全意识、加强合作，以实现可持续发展。

为此，清华大学出版社引进并主持翻译了《勒索软件预防、检测与响应手册》一书，全书共分12章，两大部分。具体内容介绍如下。

第I部分主要介绍勒索软件的基本概念，分析攻击模式和背景。其中，第1章介绍勒索软件的历史、发展和演变。第2章探讨预防勒索软件的措施，包括加密技术、脱敏技术、备份技术和其他防御控制措施。第3章介绍网络安全保险，讨论购买决策和网络安全保险行业的状况。第4章涉及响应勒索软件攻击时的法律考虑因素。

第II部分重点关注检测和恢复。第5章介绍建立勒索软件响应方案的重要性，以帮助组织和个人在受到威胁时能够迅速应对。第6章提供检测勒索软件的最佳方法，以便在勒索软件攻击造成实际危害前阻止勒索软件。第7章探讨如何最小化勒索软件攻击的危害，包括与勒索团伙的沟通和协商、考虑是否支付赎金等因素。第8章讨论勒索软件的早期响应，重点在于提高安全水平、与执法机构合作以及恢复数据和系统等方面。第9章涉及环境恢复，包括恢复业务和恢复受损的系统。第10章介绍处理勒索软件攻击后的后续步骤，包括学习和改进防御措施。第11章列出组织在应对勒索软件事故时应禁止的行为，以帮助组织和个人避免成为勒索软件攻击的目标。第 12 章探讨勒索软件的未来趋势和应对措施，包括技术趋势、全球合作、法律和政策的重要性等。

本书的翻译工作历时 10 个月全部完成。翻译中译者团队力求忠于原著，尽可能传达作者的原意。正因为参与本书翻译和校对工作的专家们的辛勤付出才有了本书的出版。感谢参与本书校对的各位安全专家，是他们保证了本书稿件内容表达的一致性和文字的流畅。感谢栾浩、赵超杰、徐坦、王文娟、高崇明、姚凯、唐刚、李婧、牛承伟在组稿、翻译、校对和通读等工作上投入的大量时间和精力，他们保证了全书既符合原著，又贴近数据安全和隐私保护实务的要求，以及在本书内容表达上的准确、一致和连贯。

感谢本书的主要审校单位河北新数科技有限公司(简称"河北新数")。河北新数的核心业务能力是为企事业单位、政府、金融、医疗、教育等行业提供数字科技、软件研发、信息系统审计、信息安全咨询、人才培养与评价等服务。河北新数拥有一支国内外双重认证的专业化咨询专家团队，这支团队由数字化转型专家、数据治理与分析专家、数字科技风险治理专家、网络安全技术专家、信息安全技术专家、数据安全与个人隐私保护专家、信息系统审计师、软件工程造价师和内部审计师等组成。河北新数在数字化转型、数字安全、信息安全建设咨询、信息化项目造价评审和信息系统审计等领域具有丰富的实践经验。在本书的译校过程中，河北新数投入了多名专家助力本书的译校工作。

同时，感谢本书的审校单位上海珪梵科技有限公司(简称"上海珪梵")。上海珪梵是集数字化软件技术与数字安全于一体的专业服务机构，专注于数字化软件技术与数字安全领域的研究与实践，并提供数字科技建设、数字安全规划与建设、软件研发技术、网络安全技术、数据与数据安全治理、软件项目造价、数据安全审计、信息系统审计、数字安全与数据安全人才培养与评价等服务。上海珪梵是数据安全职业能力人才培养专项认证的全国运营中心。在本书的译校过程中，上海珪梵的多名专家助力本书的译校工作。

在此，感谢中科院南昌高新技术产业协同创新研究院、中国软件评测中心(工业和信息化部软件与集成电路促进中心)、中国卫生信息与健康医疗大数据学会信息及应用安全防护分会、数据安全关键技术与产业应用评价工业和信息化部重点实验室、中国计算机行业协会数据安全专业委员会给予本书的指导和支持。一并感谢江西立赞科技有限公司、北京金联融科技有限公司、江西首赞科技有限公司在本书译校工作中给予的大力支持。

最后，感谢清华大学出版社和王军等编辑的严格把关，悉心指导，正是有了他们的辛勤努力和付出，才有了本书中文译本的出版发行。

本书涉及内容广泛，立意精深。因译者能力局限，在译校中难免有不妥之处，恳请广大读者朋友指正。

译 者 介 绍

　　栾浩，获得美国天普大学 IT 审计与网络安全专业理学硕士学位，马来亚威尔士大学(UMW)计算机科学专业博士研究生，持有 CISSP、CISA、CDSA、CISP、CISP-A、TOGAF、数据安全评估师等认证证书，曾供职于思科中国、东方希望集团、华维资产集团、京东集团、包商银行等企业，历任软件研发工程师、安全技术工程师、系统架构师、安全架构师、两化融合高级总监、数转智改副总裁、CTO、CISO 职位，现任 CTO，并担任中国卫生信息与健康医疗大数据学会信息及应用安全防护分会委员、中国计算机行业协会数据安全产业专家委员会委员、中关村华安关键信息基础设施安全保护联盟团体标准管理委员会委员、数据安全人才之家(DSTH)技术委员会委员，负责数字化系统评价与建设、数据治理与运营、数字安全保障、数据安全治理、个人隐私保护，数字化转型赋能项目的架构咨询、规划、建设、督导，安全技术与运营、IT 审计和人才培养等工作。栾浩先生担任本书翻译工作的总技术负责人，承担全书的组稿、翻译、校对和定稿工作。

　　赵超杰，获得燕京理工学院计算机科学与技术专业工学学士学位，持有CDSA、DSTP-1 等认证。现任安全技术经理，负责数字化转型过程中的数字科技风险治理、数据安全管理、渗透测试、攻防演平台研发、安全评估与审计、安全教育培训、数据安全课程研发等工作。赵超杰先生承担本书前言及第 1、4、6~7、9~12 章的翻译工作，承担全书的校对和通读工作，为本书撰写了译者序，同时担任本书的项目经理。

　　徐坦，获得河北科技大学理工学院网络工程专业工学学士学位，持有CDSA、DSTP-1、CISP、CISP-A 等认证。现任安全技术经理职务，负责数据安全技术、渗透测试、代码审计、安全教育培训、云计算安全、安全工具研发、IT 审计和企业安全攻防等工作。徐坦先生承担本书的校对和通读工作。

王文娟，获得中国防卫科技学院信息安全专业工学学士学位，持有
CDSA、CISP、CISA 等认证。现任副总监职务，负责全集团网络安全体
系建设及安全管理审查等工作。王文娟女士承担本书全部章节的校对工作。

高崇明，获得解放军信息工程大学信号与信息处理专业工学硕士学
位，高级工程师。获得 CISP-PTE、CISP 和商用密码应用安全性评估等认
证。担任总工程师职务，负责信息安全评估、商用密码应用、电子认证技
术、数字证书应用、密码应用安全性评估等工作。高崇明先生承担本书部
分章节的校对工作。

姚凯，获得得中欧国际工商学院工商管理专业管理学硕士学位，高级
工程师，持有 CISSP、CDSA、CCSP、CEH、CISA 等认证。担任首席信
息官职务，负责 IT 战略规划、策略程序制定、IT 架构设计及应用部署、
系统取证和应急响应、数据安全、灾难恢复演练及复盘等工作。姚凯先生
担任 DSTH 技术委员会委员。姚凯先生承担全书的通读工作。

牛承伟，获得中南大学工商管理专业管理学硕士学位，持有注册数据
安全审计师(CDSA)、CISP 等认证。现任广州越秀集团股份有限公司数字
化中心技术经理职务，负责云计算、云安全、数据安全、虚拟化运维安全、
基础架构和资产安全等工作。牛承伟先生担任 DSTH 技术委员会委员。牛
承伟先生承担本书部分章节的通读和校对工作。

唐刚，获得北京航空航天大学网络安全专业理学硕士学位，高级工程
师，现任中国软件评测中心(工业和信息化部软件与集成电路促进中心)副
主任，承担网络和数据安全相关课题的研究和标准制定工作。唐刚先生承
担本书部分章节的校对工作。

李婧，获得北京理工大学软件工程专业工学硕士学位，高级工程师，
持有 CISSP、CISP、CISA 等认证。现任中国软件评测中心(工业和信息化
部软件与集成电路促进中心)网络安全和数据安全研究测评事业部副主任
职务，负责数据安全和网络安全的研究、测评、安全人才培养、成果转化
等工作。李婧女士现任中国计算机行业协会数据安全产业专家委员会委
员。李婧女士作为本书数据安全领域特邀专家，承担本书第 2 章的翻译工作。

张伟，获得天津财经大学国际贸易专业经济学学士学位，持有CISSP、CISA等认证。现任技术总监职务，负责安全事件处置与应急服务、安全咨询服务、安全建设服务等工作。张伟先生承担本书第3章的翻译工作。

刘建平，获得华东师范大学计算机科学专业工学学士学位，持有CISP等认证。现任信息技术运营经理，负责信息技术基础架构、信息技术运维、安全技术实施、安全合规等工作。刘建平先生担任本书第5章的翻译工作。

董路明，获得华中科技大学控制理论与工程专业工学硕士学位，持有CISSP认证。现任中兴通讯无线安全实验室资深网络安全专家，负责5G无线网络安全技术的预研、数据安全治理、云平台安全和软件研发安全等工作。董路明先生承担本书第8章的翻译工作。

罗春，获得电子科技大学电子工程专业工学学士学位，持有CISP、CISA等认证。现任中铁科研院一级专家职务，负责网络与数据安全治理、云平台安全和安全产品研发等工作。罗春先生承担本书部分章节的校对工作。

陈欣炜，获得同济大学工程管理专业管理学学士学位，持有27001LA、22301LA等认证。现担任技术负责人职务，负责云安全合规管理、安全事件处置与应急、数据安全治理、终端安全和软件研发安全等工作。陈欣炜先生承担本书部分章节的校对工作。

以下专家参加本书各章节的校对和通读等工作，在此一并感谢：

张德馨先生，获得中国科学院大学电子科学与技术专业工学博士学位。

朱信铭女士，获得北京理工大学自动控制专业工学硕士学位。

王翔宇先生，获得北京邮电大学电子与通信工程专业工学硕士学位。

黄峥先生，获得成都信息工程学院电子信息工程专业工学学士学位。

曹顺超先生，获得北京邮电大学电子与通信工程专业工学硕士学位。

张浩男先生，获得长春理工大学光电信息学院软件专业工学学士学位。

袁豪杰先生，获得清华大学航空工程专业工学硕士学位。

牟春旭先生，获得北京邮电大学电子与通信工程专业工学硕士学位。

安健先生，获得太原理工大学控制科学与工程专业工学硕士学位。

张嘉欢先生，获得北京交通大学信息安全专业工学硕士学位。

杨晓琪先生，获得北京大学软件工程专业工学硕士学位。

王儒周先生，获得元智大学资讯工程专业工学硕士学位。

孟繁峻先生，获得北京航空航天大学软件工程专业工学硕士学位。

黄金鹏先生，获得中国科学院大学计算机技术专业工学硕士学位。

刘芮汐女士，获得上海理工大学统计学专业经济学硕士学位。

苏宇凌女士，获得大连海事大学经济学专业经济学硕士学位。

原文涉猎广泛，内容涉及诸多难点。在本书译校过程中，数据安全人才之家(DSTH)技术委员会、(ISC)²上海分会的诸位安全专家给予了高效且专业的解答，这里衷心感谢(ISC)²上海分会理事会及分会会员的参与、支持和帮助。

作 者 简 介

    Roger A . Grimes 是一名拥有 34 年工作经验的计算机安全顾问、讲师，拥有数十项计算机证书，曾撰写过 12 本书并发表过 1100 多篇关于计算机安全的文章。Roger 曾在许多世界上最重要的计算机安全会议(如 Black Hat、RSA 等)上发言，登上过 *Newsweek* 杂志，出现在电视上，接受过 NPR 的 All Things Considered 节目和《华尔街日报》的采访，还曾是数十个广播节目和播客的嘉宾。Roger 曾在世界上最大的计算机安全公司工作，包括 Foundstone、McAfee 和 Microsoft。Roger 为世界各地大大小小的数百家公司提供咨询服务。他的研究重点是主机和网络安全、勒索软件、多因素身份验证、量子安全、身份管理、反恶意软件、攻防技术、蜜罐、公钥基础架构、云安全、密码术、策略和技术写作。Roger 获得的认证包括 CPA、CISSP、CISA、CISM、CEH、MSCE: Security、Security+和 yada-yada 等，并担任其中许多课程的讲师。Roger 的著作和演讲经常以真实、新颖的观点而闻名。2005—2019 年，Roger 担任 *InfoWorld* 和 *CSO* 杂志的每周安全专栏作家。

技术编辑简介

Aaron Kraus，CCSP，CISSP，是一位信息安全专家，在安全风险管理、审计和信息安全主题教学方面拥有超过 15 年的经验。Aaron 曾在多个行业从事安全和合规工作，包括美国联邦政府民用机构、金融服务和科技初创公司。Aaron 是一名课程制作专家、讲师和网络安全课程主任，在 Learning Tree International 有超过 13 年的工作经验，最近在讲授 $(ISC)^2$ CISSP 考试预备课程。Aaron 曾担任多种 Wiley 书籍的作者和技术编辑，包括 *The Official $(ISC)^2$ CISSP CBK Reference*、*The Official $(ISC)^2$ CCSP CBK Reference*、*$(ISC)^2$ CCSP Certified Cloud Security Professional Official Study Guide, 2nd Edition*、*CCSP Official $(ISC)^2$ Practice Tests*、*The Official $(ISC)^2$ Guide to the CISSP CBK Reference, 5th Edition* 和 *$(ISC)^2$ CISSP Certified Information Systems Security Professional Official Practice Tests, 2nd Edition*。

致　谢

首先要感谢 Jim Minatel，我的 Wiley 策划编辑；我们在一起至少合作了四本书。Jim 总能在合适的时间为我们想出合适的写作方向，并把其他有才华的团队成员聚拢在一起共同完成书籍的编写。我非常感谢制作团队的所有其他成员，包括项目经理 Brad Jones，执行编辑 Pete Gaughan、Sacha Lowenthal、Saravanan Dakshinamurthy、Kim Wimpsett 和技术编辑 Aaron Kraus。在参与这个项目之前，我并不认识 Aaron，但我现在知道 Aaron 是个摇滚明星。Aaron 是我遇到过的最优秀技术编辑之一。Brad 的节奏和反应也非常完美。

特别感谢 Anjali Camara(Connected Risk Solutions 的合伙人和网络业务负责人)；Anjali 博士抽出时间指导我了解网络安全保险问题和行业的巨大变化，最终形成一个完整章节。特别感谢老友 Gladys Rodriguez，她是 Microsoft 首席网络安全顾问，为我提供了关于恢复 Microsoft 环境的信息，在她感兴趣的任何 Microsoft 技术主题上，她总能以出类拔萃的智慧成为众人瞩目的焦点。

感谢 KnowBe4 的同事们，首先要感谢 Erich Kron。多年前，在我第一次了解新型勒索软件时，观看的就是 Erich 早期的勒索软件幻灯片；我是站在 Erich 肩膀上才取得今天的成就的。我的朋友兼同事 James McQuiggan 一直是我的忠实听众，James 很好地把我 30 分钟的长篇大论变成了更令人难忘的 30 秒俏皮话，让人们更愿意倾听和阅读。作家 Perry Carpenter 所忘记的关于社会工程学的知识比我一生能学到的还要多，感谢他的帮助。感谢我了不起的同事们，包括 Javvad Malik(去看看他的 YouTube 视频和他与 Erich 的 Jerich Show 播客吧)、Jacqueline Jayne、Anna Collard(南非摇滚明星!)、Jelle Wieringa(他会用五种语言读、写和交谈，包括董事会会议室使用的语言)。他们都教会了我勒索软件是如何影响其国家和地区的。

非常感谢我的 CEO Stu Sjouwerman、顶头上司 Kathy Wattman(她是我最有力、最坚定的支持者)、高级副总裁 Michael Williams；感谢优秀的营销团队，包括 Mandi Nulph、Mary Owens 和 Kendra Irimie；感谢我的公关团队，包括 Amanda Tarantino、Megan Stultz 和 Reilly Mortimer；感谢所有人在过去几年里允许或强迫我数百次谈论勒索软件，让我对这个主题有了深刻的理解。感谢同事 Ryan Meyers 帮助我寻找勒索软件团伙正在使用或可能使用的正确网络钓鱼线索。

最后，感谢现有的数百种勒索软件资源(文章、演示文稿、白皮书和调查报告)，这些资料为我提供了试图整合到本书中的大部分教育资源。打败勒索软件需要所有人的努力。我希望自己能为打败勒索软件贡献力量。

前　言

我从 1987 年就开始从事计算机安全工作。我见过的第一款勒索软件(Ransomware Program)出现在 1989 年 12 月的一张 5.25 英寸软盘上，人们将这个勒索软件称为 AIDS PC Cyborg 特洛伊木马(Trojan)。

当时并没有称 AIDS PC Cyborg 特洛伊木马为勒索软件，因为 AIDS PC Cyborg 是第一款，也是唯一的勒索软件，所以人们并没有立即创建一个新的分类名称，并且多年来一直保持着这种状态。安全专家们几乎没有意识到，AIDS PC Cyborg 将是未来几十年里一个令人震惊的数字犯罪行业的开端，也是全球范围内数字威胁的严重祸根。

与今天的勒索软件相比，AIDS PC Cyborg 特洛伊木马相当简单，但其代码仍足以彻底混淆数据，使得 AIDS PC Cyborg 勒索软件缔造方有足够底气要求受害方组织和个人支付 189 美元的赎金以还原数据。即使在当前看来，首款勒索软件及其缔造方的故事依然显得很离奇。如果有人试图在好莱坞黑客电影中还原真实情况也难以令人置信。相比较而言，如今的勒索软件缔造方和团伙的非法行径更加专业和令人信服。

首款勒索软件的缔造者 Joseph L. Popp 博士是哈佛大学进化生物学家，后期成为人类学家。在此期间，Popp 博士对艾滋病研究产生了兴趣，被捕时正活跃在艾滋病研究领域。对于 Popp 博士如何对艾滋病研究产生兴趣并无记载，也许与其在非洲记录狒狒行踪 15 年的经历有关。1978 年，Popp 博士与其他专家合著了一本关于肯尼亚马赛马拉自然保护区的书籍，并于 1983 年 4 月发表了一篇关于狒狒研究的科学论文。医学界认为艾滋病源于非洲非人灵长类动物，这些理论在人们寻找"零号病人(Patient Zero)"的同时，开始受到更多关注。Popp 博士对艾滋病疾病的探索恰逢其时，他凭借自己的专业知识和经验，将两个看似不相关的研究领域联系了起来，他的研究具有深远意义。

20 世纪 80 年代末，医学界对艾滋病的研究和理解仍然相当浅薄，仅限于非常基础的内容。对于这种较新的疾病及其传播方式，社会普遍存在恐惧。与今天的治疗方法和抗病毒药物不同，在早期，感染艾滋病毒就等同于宣判死刑。当时，人们惧怕亲吻或拥抱那些可能患有艾滋病的人员。医学界内外的人们对有关艾滋病的最新信息和知识产生了浓厚兴趣。

没有人知道 Popp 博士为什么决定编写世界上第一款勒索软件。有人猜测，Popp 博士是因为没有在艾滋病研究行业得到一份理想的工作而感到不满，因而产生报复心态，但也可以说 Popp 博士只是想确保其工作得到应有的报酬。尽管如此，仍然有明显的迹象表明，Popp 博士隐藏了自身的不良意图，他知道自己的应用程序不会被人们接受。当一个人试图隐瞒自己参与某事的时候，很难证明自己对非法行为一无所知。

世界卫生组织于 1988 年 10 月在斯德哥尔摩举办了艾滋病会议，购买了与会各方的名单。据称 Popp 博士还使用了英国计算机杂志 *PC Business World* 和其他商业杂志的订阅方列表。

Popp 博士使用 QuickBasic 3.0 编程语言编写了特洛伊木马程序代码，Popp 博士花费几个月的时间来编写和测试代码。在完成测试后，Popp 博士将代码复制到 20 000 多张软盘中，贴上标签，打印相应的使用说明，手动粘贴邮票，然后将软盘邮寄给美国、英国、非洲、澳大利亚和其他国家毫无防备的收件人。Popp 博士在完成这些工作时一定得到了帮助，因为一个人创建 20 000 个软件包并手动投递邮件可能需要花费数周的时间。但在法庭文件中从未提及有其他人员的参与，Popp 博士也没有自愿提供过这方面的信息。

含有 AIDS PC Cyborg 特洛伊木马的软盘已贴上 AIDS Information Introductory Diskette 标签(参见图 0.1)。

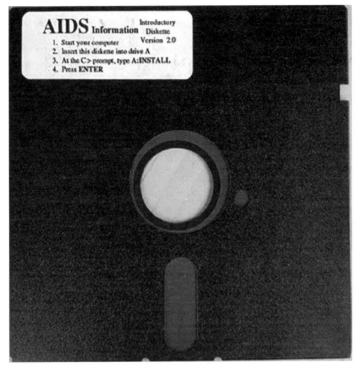

图 0.1　含有 AIDS PC Cyborg 特洛伊木马的软盘

　　软盘的使用说明中说该软盘中的应用程序包含有关艾滋病的信息。用户查看后,应用程序会要求用户回答一系列个人行为问题。而这些问题的答案将用于向用户提供一份有关他们感染艾滋病风险的报告,以及有关如何避免感染艾滋病的建议。

　　使用说明中包括这样的警告信息:"如果你使用此软盘,则必须支付强制性软件许可费用。"Popp 博士后来利用此警告信息为自己辩护,试图解释为什么不应该将他的 AIDS PC Cyborg 应用程序视为非法勒索软件。你可在图 0.2 中看到这些说明和不祥的警告。

AIDS Information - Introductory Diskette

Please find enclosed a computer diskette containing health information on the disease AIDS. The information is provided in the form of an interactive computer program. It is easy to use. Here is how it works:

- The program provides you with information about AIDS and asks you questions
- You reply by choosing the most appropriate answer shown on the screen
- The program then provides you with a confidential report on your risk of exposure to AIDS
- The program provides recommendations to you, based on the life history information that you have provided, about practical steps that you can take to reduce your risk of getting AIDS
- The program gives you the opportunity to make comments and ask questions that you may have about AIDS
- This program is designed specially to help: members of the public who are concerned about AIDS and medical professionals.

Instructions

This software is designed for use with IBM® PC/XT™ microcomputers and with all other truly compatible microcomputers. Your computer must have a hard disk drive C, MS-DOS® version 2.0 or higher, and a minimum of 256K RAM. First read and assent to the limited warranty and to the license agreement on the reverse. [If you use this diskette, you will have to pay the mandatory software leasing fee(s).] Then do the following:

Step 1: Start your computer (with diskette drive A empty).

Step 2: Once the computer is running, insert the Introductory Diskette into drive A.

Step 3: At the C> prompt of your root directory type: A:INSTALL and then press ENTER. Installation proceeds automatically from that point. It takes only a few minutes.

Step 4: When the installation is completed, you will be given easy-to-follow messages by the computer. Respond accordingly.

Step 5: When you want to use the program, type the word AIDS at the C> prompt in the root directory and press ENTER.

图 0.2 AIDS PC Cyborg 特洛伊木马的程序使用说明

此外，当 AIDS PC Cyborg 木马软件首次运行时，会将许可证和发票显示到屏幕上，如果电脑连接了本地打印机，还会通过打印机打印纸质版。许可证告诉用户必须支付软件许可费用，甚至还包括用户不太可能在任何其他合法软件上看到的不祥警告：

"如果用户在计算机上安装此软件……

那么根据本许可证的条款，用户同意向 PC Cyborg 公司全额支付租赁软件的费用……

若用户违反本许可协议，PC Cyborg 保留采取必要法律行动的权利，以收回任何应付给 PC Cyborg 公司的未偿债务，并使用程序机制，以确保终止用户的使用……

这些程序机制将对其他应用程序的使用产生不利影响……

特此告知用户未遵守本许可协议条款的最严重后果；用户的良心可能在余生受到谴责。

用户的计算机将停止正常运行……

严禁与他人共享本产品。

正如今天一样，大多数用户都不会仔细阅读软件许可协议。在大多数时候，这并不是严重问题，但在 AIDS PC Cyborg 场景下，没有阅读带有异常可怕警告的许可协议将导致严重的事情发生。在 20 世纪 80 年代末，大部分用户不会为非强制付费的商业软件付费，非法复制和交易软件是常态。人们为朋友复制软盘甚至出售软盘的情况非常普遍。当地的计算机俱乐部每月都会举行软盘交换活动。如果用户认为不必为软件付费，就不付费。作为回应，软件研发团队编写了"复制保护"应用程序，以防止轻松地进行标准的软盘复制。

> Roger 看到其他恶意软件和网站在其授权许可信息中包含了类似的"公正警告(Fair Warning)"。阅读到最后永远不会有什么坏处，不要简单地忽略信息并快速使用软件。

Popp 博士要么不知道如何实施合法的复制保护，要么完全依靠其独特的赎金机制对无视其授权许可说明的人员强制收费。或许，Popp 博士是从早期的恶意软件中得到这种灵感。1986 年，第一款与 IBM PC 兼容的计算机病毒 Pakistani Brain 是作为一种复制预防机制出现的。Pakistani Brain 的软件开发者厌倦了用户非法复制软件而不付费。如果用户肆意使用软盘里面的内容，Pakistani Brain 恶意软件会导致启动过程出现问题，并可能迫使用户向软件开发者支付费用以解决问题。然而，Pakistani Brain 恶意软件没有加密任何数据或资产，也没有直接要求支付赎金。

Popp 博士将 AIDS PC Cyborg 勒索软件视为合法获得版权和软件许可证的一种方式。使用 AIDS PC Cyborg 软件的用户至少能在两个地方清楚地看到警告。相比之下，今天的勒索软件从不发出任何警告。因此，Popp 博士的"作品"比今天的勒索软件更加合乎道德。不过，即使 Popp 博士是稍微有点道德的罪犯，也并不意味着就是一个值得推崇或效仿的高标准，只是五十步笑百步而已。

无论如何，当用户第一次运行 Popp 博士的 AIDS PC Cyborg 软件时，应用程序将自行安装在本地硬盘驱动器(C:)上，并篡改 autoexec.bat 文件以用作启动计数器。在所涉及的 PC 启动 90 次左右后，应用程序将加密或混淆用户的文件和文件夹。然后，PC 将显示图 0.3 中所示的信息。

```
Dear Customer:

It is time to pay for your software lease from PC Cyborg Corporation.
Complete the INVOICE and attach payment for the lease option of your choice.
If you don't use the printed INVOICE, then be sure to refer to the important
reference numbers below in all correspondence. In return you will receive:

- a renewal software package with easy-to-follow, complete instructions;
- an automatic, self-installing diskette that anyone can apply in minutes.

Important reference numbers: A5599796-2695577-

The price of 365 user applications is US$189. The price of a lease for the
lifetime of your hard disk is US$378.  You must enclose a bankers draft,
cashier's check or international money order payable to PC CYBORG CORPORATION
for the full amount of $189 or $378 with your order. Include your name,
company, address, city, state, country, zip or postal code. Mail your order
to PC Cyborg Corporation, P.O. Box 87-17-44, Panama 7, Panama.

                        Press ENTER to continue
```

图 0.3　AIDS PC Cyborg 特洛伊木马勒索软件显示的信息

没人知道为什么 Popp 博士把启动计数器设为 90。也许是因为 Popp 博士估计，大多数用户在工作日每天启动一次计算机，90 个工作日足够用户为 AIDS PC Cyborg 应用程序支付费用且足够 Popp 博士为用户寄出"解除锁定"的可执行软盘。

Popp 博士注册了一家名为 PC Cyborg 的公司，这也是病毒得名的原因。PC

Cyborg 一词出现在原始许可证和事后勒索软件的警告中，并要求将 189 美元的年度"许可费"或 389 美元的"终身许可费"寄到巴拿马的邮政信箱。正是邮递信息导致 Popp 博士迅速暴露身份并受到逮捕。因此，今天的勒索软件团伙使用难以识别真实所有权的加密数字货币收取赎金。

Popp 博士试图隐藏其身份以及与创建勒索软件有关的原始情况。时至今日，不道德攻击方利用境外公司和账户，试图隐藏身份和经济收益的情况仍然十分常见。当时，巴拿马成为隐匿财产和避税的安全港，就像今天的开曼群岛和其他离岸岛屿一样。

当特洛伊木马程序的有效载荷运行时，在显示勒索指令之前，AIDS PC Cyborg 木马程序将对文件和文件夹执行基本的对称加密操作。AIDS PC Cyborg 会将所有的现有文件和子目录移动到根目录下的一组新的子目录中，并重新命名，在每个文件和文件夹上启用 DOS 的"隐藏"属性功能，这将导致文件和文件夹看似丢失。所有文件和文件夹也将使用"高级"扩展 ASCII 控制字符予以重命名，这也将导致内容看起来不可见，即使受害方组织和个人发现并关闭 DOS 的隐藏属性，文件和文件夹名称看起来也已损坏。如果受影响的组织和用户试图执行常见的搜索命令来查看发生了什么，恶意软件会返回带有虚假结果的 DOS 屏幕回显，以迷惑组织和用户。

主要的恶意子目录集是使用扩展 ASCII 字符 255 创建的，扩展 ASCII 字符 255 是一组控件代码，其视觉效果类似于空格，不会在屏幕上显示，也不会在打印时显示。对大多数组织和用户而言，所有文件和文件夹似乎都已"消失"，或者严重受损。但重要的是，事实上，勒索方并未加密任何文件和文件夹(与今天的勒索软件不同)。文件和文件夹只是被重命名或移动了位置。

勒索软件创建了一份转换表，可用于撤销移动和重命名。如果用户找到转换表并了解特洛伊木马程序的用途，则可以恢复文件和文件夹的名称并移至原来的物理位置。有些专家意识到了这一点，并编写了相应的"修复"程序代码，包括早期的计算机病毒专家 Jim Bates。

Bates 撰写了一份 40 页的特洛伊木马分析报告，并将该报告免费发送给所有需要的组织和个人，1990 年 1 月，Bates 在顶级防病毒期刊 *Virus Bulletin* 上发表的一篇更加简短但依然很精彩的分析文章揭示了 PC Cyborg 特洛伊木马的许多可疑活动，包括为了伪造用户在调查时看到的内容而采取的多个步骤。*Virus Bulletin* 是一个优秀的实例，展示了防病毒和在线社区如何团结起来共同对抗敌人。

> PC Cyborg 勒索软件的加密技术使用了密码学家所发布的简单字符替换加密组件。替换是最简单的加密技术类型，正因为如此，将 Popp 博士的加密技术称为混淆技术可能更加准确。该勒索软件的加密方法的安全性较差。与当今勒索软件变种中的加密方法相比，它更是显得不够复杂和高级。但是，强和弱的概念仅仅存在于专业人士的认知和技术分析中。相对于大多数受害方组织和个人而言，结果就是：数据消失，计算机再也无法使用。

在详细分析的同时，Bates 还编写了一款名为 AIDSOUT 的免费特洛伊木马清除软件和一款名为 AIDSCLEAR 的免费软件。这两个软件可将任何重命名和移动的文件还原到原始物理位置，并恢复原始名称。McAfee 防病毒软件公司的 John McAfee，通过谈论勒索软件并宣传其解锁被锁定的计算机的事迹，在美国获得了不少关注。

> 正是在那段时间，围绕 John McAfee 的事迹的系列宣传，促使 Roger 在晚些时候帮助 John McAfee 破解 DOS 计算机病毒，并在很大程度上成就了 Roger 的网络安全职业生涯。

在反病毒软件行业和执法部门确定 Popp 博士参与其中后，Popp 博士在 Amsterdam 的 Schiphol 机场被捕，最终关押在伦敦。在拘押期间，人们就曾注意到 Popp 博士可能患有精神疾病。甚至在警方逮捕 Popp 博士之前，Popp 博士似乎已经在另一名乘客的行李上潦草地写下了奇怪的信息，信息内容为 "Popp 博士在行李里"。在这段时间里，Popp 博士还有许多其他不寻常的滑稽行为，包括在鼻子上戴避孕套，在胡须上戴卷发器 "以防止辐射"。直到今天，没人知道 Popp 博士是否真的有精神健康问题，又或者只是装疯以逃脱法律制裁。然而，无论真相是什么，Popp 博士最初在荷兰被捕，之后由荷兰当局将 Popp 博士遣返回美国俄亥俄州的父母身边。随后，Popp 博士因包括勒索在内的许多罪行再次被捕，并引渡到英国接受审判。

在一些新闻报道中，逮捕地点有些差异，有段时间，听闻 Popp 博士同时在两三个不同的国家被捕或拘留，并且，至少在其中两个国家面临审判。Popp 博士最后在英国法院获释。

Popp 博士最初辩护时声称其所做的一切都是合法的，因为应用程序已经警告了用户，而受害方是在法律上有义务支付费用而没有付费的人群。有些律师认为尽管 Popp 博士的做法有些不寻常和不道德，但 Popp 博士的法律观点可能是有道理的。然而，Popp 博士最初的部分辩护理由不攻自破，因为 PC Cyborg 应用程序还声明，如果用户将 PC Cyborg 应用程序带到另一台计算机并允许 PC Cyborg 应用程序锁定新的计算机，则 PC Cyborg 应用程序将解锁初始计算机，从而允许初始计算机正常使用。然而，解锁应用程序并未生效，暂且无论是有意还是无意的，初始计算机和新锁定的计算机都无法正常工作。

目前，尚不清楚 Popp 博士是否曾经获得过报酬或发送过解锁软盘，又或者解锁软盘是否有效。Roger 并不知道谁支付了赎金，在数十个旧新闻中，没有受害方声称已经支付了赎金或从 Popp 博士手中收到解锁软盘。Roger 认为 Popp 博士在其应用程序开始成为世界新闻时，迅速逃亡以免被捕。值得怀疑的是，Popp 博士是否有时间在巴拿马取钱并寄出解锁软盘，当然，Popp 博士确实没有大规模这样做。围绕 PC Cyborg 特洛伊木马的所有新闻报道都将 PC 遭到锁定的受害方作为主角。

Popp 博士对法庭调查人员声称，曾规划将所有赎金捐献给艾滋病研究。这一说法不太可能说服任何法院，也不会帮助 Popp 博士驳回任何未决指控。必须指出的是，Popp 博士的确是几个艾滋病研究小组的成员，且 Popp 博士筹集资金用于艾滋病研究。Popp 博士还参与了若干艾滋病教育会议和计划。然而，无论是哪种情况，多名法官裁定 Popp 博士确实不适合接受审判。1991 年 11 月，英国法官 Geoffrey Rivlin 裁定 Popp 博士无罪并予以释放，让其回到父母身边。

Popp 博士此后渐渐淡出人们的视野，并将兴趣转向了人类学。Popp 博士曾直接攻击和不公正地诽谤世界各地的艾滋病研究团体，导致无法继续参与艾滋病领域的研究。十年后的 2001 年 9 月，Popp 博士出版了一本颇有争议的著作，名为 *Popular Evolution Life Lessons*，其中包含了许多非常规的建议，包括奉劝年轻女性积极关注生育。Popp 博士强烈支持"科学伦理"，这与大多数人们所遵循的道德规范和伦理截然相反。也许 Popp 博士对于自己非常规道德的信心在其创建第一款勒索软件中发挥了作用。Popp 博士还支持优生学和安乐死，Popp 博士不相信任何人都可养宠物。Popp 博士几乎得罪了所有过着传统生活的人们。可以说，Popp 博士的推荐书并不是一本畅销书，也没有减少其他人对于 Popp 博士的负面看法，即便 Popp 博士已经在从事其他职业。

有时，一个古怪的人也可以是一个温柔的人，并受到他人的喜爱。就在 Popp 博士 2007 年去世之前，以"Joe 博士"之名资助了 Joseph L. Popp 蝴蝶温室。Joseph L. Popp 蝴蝶温室拥有自己的 Facebook 主页，在 2020 年关闭。

Popp 博士一生中曾从事几种不同的职业，包括进化生物学家、作家、人类学家和蝴蝶爱好人士。但是，Popp 博士最大的意外名声可能就是"勒索软件之父"，也是 Popp 博士余生都无法摆脱的。2021 年，关于 Popp 博士的报道仍与 1990 年 Popp 博士在数字领域造成浩劫时一样多。无论功过是非，Popp 博士都已在历史上留下浓重的一笔。

有关 Popp 博士及其 PC Cyborg 程序的更多信息和故事，请访问[Link1]。

PC Cyborg 勒索软件的出现是一个警示，安全专家们可以从中汲取经验与教训。在这个世界上，有些人是没有道德顾虑的，他们加密组织和用户的数据并要求组织和用户支付赎金以解锁加密数据，甚至愿意冒着牢狱之灾以身犯险。

出人意料的是，在 Popp 博士的特洛伊木马程序之后，并没有像反病毒斗士们所担心的那样出现大量的模仿事件。也许是因为 Popp 博士并没有成功，Popp 博士没有因为 PC Cyborg 软件而致富，最终惨遭逮捕。至少在当时，其他犯罪分子发现，实施数字勒索并逃脱惩罚是很困难的。但十年过后，其他技术(加密货币)的发展使犯罪分子几乎每次都能逃脱惩罚。

Popp 博士的加密技术并非十分先进。大约在同一时期，其他类型的恶意软件，特别是计算机病毒，开始尝试使用更先进的加密技术。然而，攻击方使用加密技术仅用于隐藏和保护恶意软件本身免受快速反病毒工具检测，而非加密数据文件并索要赎金。

渐渐地，有些稍微"先进"的勒索软件开始出现。勒索软件大多数都能够创建自己的加密程序，但质量不佳，几乎总是不完美的加密技术。正如人们当时所知，早期的"加密病毒"或"加密特洛伊木马"很少需要解密密钥用于解锁数据。密码学爱好人士经常想办法在不支付赎金的情况下解密已锁定的文件。早期很难实现完美的加密技术。到 2006 年，第二代加密恶意软件开始出现，第二代加密恶意软件使用的是已知的、经过验证的、不容易破解的密码软件。到 2013 年，使用难以破解的加密技术的勒索软件已经相当普遍。

随着加密技术问题的逐步解决，犯罪分子面临的更大问题是，勒索软件的缔造方如何在不会被捕的情况下获得赎金。同一时间，发生了两件事，首先是 2009 年发明了比特币。几年过后，在 2014 年，勒索软件与比特币建立了联系，这使得整个勒索软件行业开始爆炸式发展。现在，犯罪分子已经完美解决如何在不被捕的情况下获得赎金的问题。

其次，一些欧洲国家开始成为勒索软件犯罪分子的网络避风港。如今，许多勒索软件团伙位于相应国家境内或周边地区，几乎不受惩罚。许多勒索软件团伙将向当地和国家的执法部门行贿作为开展攻击活动的一部分，来源于勒索软件团伙的收入在所在国视为净收益。只要勒索软件犯罪分子不加密所在国或盟友的设备，就可以自由开展业务，几乎没有例外。

随着这两项有利因素的出现，复杂的勒索软件开始攻击个人、医院、警察局，甚至整个城市。如今，勒索软件多如牛毛，以至于能够搞垮整个组织，而动辄数百万美元的赎金甚至都不会引起人们的注意。勒索软件攻击正在摧毁石油管道、食品生产厂、大型集团，关闭学校、延误医疗，利用了其所能利用的一切，却几乎不受惩罚。在 Roger 写本书的时候，勒索软件团伙正处于"黄金时期"，造成的破坏和勒索的赎金比以往任何时候都多。目前，安全专家们在阻止勒索软件犯罪分子实施数字犯罪方面做得并不好。

但是，安全专家们可以做得更好。这就是本书的主题。首要目标是预防勒索软件的攻击，并在组织受到攻击时将损失降到最低。事实证明，组织可以实施多项安全控制措施以避免勒索软件攻击，或者至少能显著降低风险。对抗勒索软件不仅仅是部署一套优秀的、可靠的备份系统和最新的防病毒应用程序。

本书将讲述在第一时间预防勒索软件攻击的最佳方法，本书介绍的方法相较于组织和用户所能找到的其他任何资源都好。本书将告诉组织和用户在可能受到勒索软件攻击前，应该如何开展预防工作，以及如果组织和用户受到攻击和入侵，应逐步采取哪些保护措施。组织和用户将避免成为受害方，甚至能够发起反击。

目前，很难有效地控制勒索软件事故，因此，任何组织和个人都可能成为勒索软件的受害方。本书的目的并不是告诉组织和用户能够 100%击败勒索软件。没有哪位安全专家能够提出 100%击败勒索软件的方案。网络和数据安全防御是将风险最小化的过程，而不是完全消除风险。Roger 的目标是帮助组织和用户尽可能降低风险。如果遵循本书中的方式和步骤，组织和用户能够有效降低受到勒索软件损害的风险，能了解到更合适的新型防御措施(在第 2 章中介绍)。

不打无准备之仗！

读者对象

本书主要面向所有负责管理组织网络和数据安全的团队和人员，从一线的防御团队到顶级网络和数据安全主管。本书适用于正在第一次乃至第十次考虑审查、购买或实施网络和数据安全防御的所有组织与团体。

预防和缓解勒索软件攻击的方法，就是预防和缓解所有恶意团伙和恶意软件攻击行为的方法。如果遵循本书所授经验，可以有效降低恶意攻击方和恶意软件攻击的风险。即使有一天勒索软件消失了，从本书学习的内容也仍然适用于防御下一次"大型"攻击。

本书涵盖的内容

本书共有 12 章，分为两部分。

第 I 部分：简介

第 I 部分总结了勒索软件的原理、复杂度，以及如何预防其利用用户和组织的设备。组织和用户不了解勒索软件的成熟度，导致无法在受到攻击前集中精力阻止攻击。

第1章"勒索软件简介"。 第1章从重要的历史事故开始介绍勒索软件，然后讨论目前使用的非常复杂和成熟的版本。勒索软件行业的运作模式更像是一个体系化的营销组织/生态系统。该章将讲述常见的勒索软件基础知识，内容包罗万象，也是全书最长的一章。

第2章"预防勒索软件"。 预防勒索软件是一项尚未得到充分论证的工作。备受推崇的"预防"控制措施是组织拥有一套完善的备份技术，然而，根本没有证据证明备份技术的有效性。该章将讨论所有组织和团队应该做哪些工作，以尽可能预防勒索软件所产生的危害。在讨论如何抵御勒索软件攻击的过程中，本书将讨论如何以最佳方式击败所有恶意攻击方和恶意软件。

第3章"网络安全保险"。 因为网络保险非常复杂，所以对于面临勒索软件威胁的组织而言，购买网络保险的决策并不容易。该章能帮助组织和用户初步了解网络保险，包括在考虑策略时应该避免的事情。最后直言不讳地讨论了网络安全保险行业目前发生的巨大变化和发展方向。

第4章"法律考虑因素"。 该章涵盖了处理成功的勒索软件攻击所涉及的法律注意事项，不仅涉及是否支付赎金的决策(尽管这是该章的主要内容)，还涉及在攻击期间如何利用法律援助。该章将包含所有组织在预防和响应勒索软件事故时应该参考的有效提示和合理建议。

第II部分：检测和恢复

第II部分将帮助组织和用户预防和成功响应勒索软件攻击。

第5章"勒索软件响应方案"。 所有组织都应该在勒索软件事件发生之前建立并实施详细的勒索软件响应方案。该章将介绍勒索软件响应方案应该包含的内容。

第6章"检测勒索软件"。 如果组织和用户无法阻止安全漏洞利用的发生，退而求其次的办法就是预警和检测。该章将介绍检测勒索软件的最佳方法，并为组织和用户提供了在勒索软件开始造成实际危害之前予以阻止的最佳机会。

第7章"最小化危害"。 该章假设勒索软件已经成功攻陷系统，勒索团伙已加密文件且窃取数据。组织和用户如何在事故发生的第一时间限制勒索软件的横向攻击范围并将危害最小化？该章将告诉组织和用户什么才是最佳实践。

第8章"**早期响应**"。在初步阻止了损害进一步蔓延之后，组织和个人应该开展初步的事故清理、更全面的评估和更完善的响应措施，而不是仅是防止进一步扩散。该章讲的是组织和用户在第一天或第二天之后需要开展的工作。通常组织和用户执行事故响应方案达成的效果决定了完全恢复所需的时间。

第9章"**环境恢复**"。该章将介绍在发生勒索软件攻击事故的最初几天，组织和用户需要执行的操作。组织和用户已经阻止了勒索软件的传播范围，将危害降至最低，并按照系统的优先级列表逐步开始恢复系统并返回至工作状态。该章主要介绍组织和用户在早期最严重阶段过去之后需要完成的事项，涵盖了较长期的任务，通常需要几天到几周，甚至几个月才能完成恢复或重建工作。

第 10 章"**后续步骤**"。尽管在部署勒索软件预防措施方面，组织做了大量的工作，但是，勒索软件还是成功入侵了受害方组织。该章将介绍需要总结的经验、教训和需要实施的缓解措施，以预防再次发生勒索软件事故。许多勒索软件受害方因为跳过了这一环节，而再次受到攻击，从而耗费了更多时间与精力。组织和用户能够通过必要的学习，采取措施以增强对勒索软件攻击的抵御能力。

第 11 章"**禁止行为**"。知道什么是禁止行为和在紧急情况下应该开展哪些工作同样重要。早期的严重错误导致许多受害的组织和用户的处境变得更加糟糕。该章涵盖了所有组织和个人都应该避免的行为，以免导致勒索事故变得更加严重。

第 12 章"**勒索软件的未来**"。该章涵盖了勒索软件可能的未来，将如何发展，以及最终如何才能永久击败勒索软件等内容。

Links 文件

在阅读本书时，会看到诸如[Link*]的引用内容，*为编号。读者可扫描右侧的二维码，下载 Links 文件，从中找到具体的链接信息。

Links 文件

目　录

第 I 部分　简介

第 1 章　勒索软件简介 3

1.1 情况有多严重 3

1.1.1 勒索软件的统计数据变化 5

1.1.2 勒索软件的真实成本 6

1.2 勒索软件的类型 8

1.2.1 伪造类勒索软件 9

1.2.2 立即执行或延迟执行 12

1.2.3 自动引导或手工引导 15

1.2.4 影响一台设备或多台设备 15

1.2.5 勒索软件攻击的根本原因 17

1.2.6 文件加密或启动感染 18

1.2.7 加密严谨或加密不严谨 19

1.2.8 加密或发布盗取的数据 20

1.2.9 勒索软件即服务 25

1.3 典型勒索软件的流程和组件 26

1.3.1 渗入组织 26

1.3.2 初始执行后 28

1.3.3 回拨 28

1.3.4 自动升级 30

1.3.5 检查物理位置 31

1.3.6 初始自动有效载荷 ··· 32

1.3.7 等待 ··· 32

1.3.8 攻击方检查 C&C 服务器 ··· 32

1.3.9 更多可供使用的工具 ··· 33

1.3.10 侦察 ·· 33

1.3.11 准备加密 ··· 34

1.3.12 数据泄露 ··· 35

1.3.13 加密数据 ··· 35

1.3.14 提出敲诈诉求 ··· 37

1.3.15 谈判 ·· 37

1.3.16 提供解密密钥 ··· 38

1.4 勒索软件集团化 ··· 39

1.5 勒索软件行业组成 ·· 42

1.6 小结 ··· 45

第2章 预防勒索软件 ·· 46

2.1 十九分钟即可接管系统 ·· 46

2.2 完善的通用计算机防御战略 ·· 47

2.3 理解勒索软件的攻击方式 ··· 49

2.3.1 所有攻击方和恶意软件使用的九种漏洞利用方法 ··············· 50

2.3.2 恶意攻击最常用的方法 ··· 51

2.3.3 勒索攻击最常用的方法 ··· 51

2.4 预防勒索软件 ··· 54

2.4.1 主要防御措施 ·· 54

2.4.2 其他预防措施 ·· 56

2.5 超越自卫 ·· 62

2.6 小结 ··· 66

第3章 网络安全保险 ·· 67

3.1 网络安全保险变革 ·· 67

3.2 网络安全保险是否会导致勒索软件攻击愈演愈烈? ……………… 72

3.3 网络安全保险保单 ……………………………………………………… 73

   3.3.1 保单内容 ……………………………………………………………… 73

   3.3.2 恢复费用 ……………………………………………………………… 74

   3.3.3 赎金 …………………………………………………………………… 75

   3.3.4 根本原因分析 ………………………………………………………… 75

   3.3.5 业务中断费用 ………………………………………………………… 76

   3.3.6 通知和保护客户及股东 ……………………………………………… 76

   3.3.7 罚款及法律调查 ……………………………………………………… 77

   3.3.8 网络保单结构示例 …………………………………………………… 77

   3.3.9 承保和未承保的费用 ………………………………………………… 78

3.4 网络安全保险流程 ……………………………………………………… 81

   3.4.1 投保 …………………………………………………………………… 81

   3.4.2 确定网络安全风险 …………………………………………………… 82

   3.4.3 核保和批准 …………………………………………………………… 83

   3.4.4 事故索赔流程 ………………………………………………………… 84

   3.4.5 初始的技术帮助 ……………………………………………………… 84

3.5 网络安全保险注意事项 ………………………………………………… 85

   3.5.1 社交工程例外 ………………………………………………………… 86

   3.5.2 确认保单承保了勒索软件 …………………………………………… 86

   3.5.3 员工过失 ……………………………………………………………… 86

   3.5.4 居家工作场景 ………………………………………………………… 87

   3.5.5 战争例外条款 ………………………………………………………… 87

3.6 网络安全保险的未来 …………………………………………………… 88

3.7 小结 ………………………………………………………………………… 90

第4章　法律考虑因素 …………………………………………………… 91

4.1 比特币和加密货币 ……………………………………………………… 92

4.2 支付赎金的法律风险 …………………………………………………… 99

4.2.1 咨询律师 ·········· 101

4.2.2 尝试追踪赎金 ·········· 101

4.2.3 执法部门参与 ·········· 101

4.2.4 获得 OFAC 许可后支付赎金 ·········· 102

4.2.5 尽职调查 ·········· 102

4.3 是官方数据泄露吗？·········· 103

4.4 保留证据 ·········· 103

4.5 法律保护摘要 ·········· 103

4.6 小结 ·········· 104

第 II 部分　检测和恢复

第 5 章　勒索软件响应方案 ·········· 107

5.1 为什么要制定勒索软件响应方案 ·········· 107

5.2 什么时候应该制定响应方案 ·········· 108

5.3 响应方案应覆盖哪些内容 ·········· 108

5.3.1 小规模响应与大规模响应的阈值 ·········· 108

5.3.2 关键人员 ·········· 109

5.3.3 沟通方案 ·········· 110

5.3.4 公共关系方案 ·········· 112

5.3.5 可靠的备份 ·········· 113

5.3.6 赎金支付方案 ·········· 115

5.3.7 网络安全保险方案 ·········· 116

5.3.8 宣告数据泄露事件需要哪些条件 ·········· 117

5.3.9 内部和外部的顾问 ·········· 117

5.3.10 加密货币钱包 ·········· 118

5.3.11 响应 ·········· 120

5.3.12 检查列表 ·········· 120

　　　5.3.13　定义 ··· 122

5.4　熟能生巧 ··· 122

5.5　小结 ··· 123

第6章　检测勒索软件 ··· **124**

6.1　勒索软件为何难以检测？ ··· 124

6.2　检测方法 ··· 126

　　　6.2.1　安全意识宣贯培训 ·· 127

　　　6.2.2　AV/EDR 辅助检测 ·· 127

　　　6.2.3　检测新进程 ·· 128

　　　6.2.4　异常的网络连接 ·· 132

　　　6.2.5　无法解释的新发现 ··· 133

　　　6.2.6　不明原因停工 ·· 134

　　　6.2.7　积极持续监测 ·· 135

6.3　检测解决方案的示例 ·· 136

6.4　小结 ··· 141

第7章　最小化危害 ··· **142**

7.1　初期勒索软件响应概述 ··· 142

7.2　阻止进一步扩散 ·· 144

　　　7.2.1　关闭或隔离已感染的设备 ··· 144

　　　7.2.2　断开网络连接 ·· 145

7.3　初步危害评估 ··· 148

　　　7.3.1　会受到的影响 ·· 149

　　　7.3.2　确保备份数据有效 ··· 149

　　　7.3.3　检查数据与凭证泄露征兆 ··· 150

　　　7.3.4　检查恶意邮件规则 ··· 150

　　　7.3.5　对勒索软件的了解程度 ·· 151

7.4　首次团队会议 ··· 151

7.5　决定下一步 ·· 152

　　　　7.5.1　决定是否支付赎金 ································· 153

　　　　7.5.2　恢复还是重新部署 ································· 153

　7.6　小结 ·· 155

第8章　早期响应 ·· 156

　8.1　响应团队应该知晓的事项 ····························· 156

　8.2　应牢记的若干事项 ································· 158

　　　　8.2.1　数据加密往往不是组织唯一需要面对的问题 ·····158

　　　　8.2.2　可能造成声誉损害 ······························ 159

　　　　8.2.3　可能导致人员解雇 ······························ 160

　　　　8.2.4　事情可能变得更严重 ···························· 161

　8.3　重大决策 ··· 162

　　　　8.3.1　业务影响分析 ································ 162

　　　　8.3.2　确定业务中断的解决方法 ························ 163

　　　　8.3.3　确定数据是否已经泄露 ························· 163

　　　　8.3.4　确定能否在不支付赎金的情况下解密数据 ········ 164

　　　　8.3.5　确定是否应支付赎金 ···························· 168

　　　　8.3.6　确定是恢复还是重建相关系统 ··················· 170

　　　　8.3.7　确定勒索软件隐匿的时长 ······················ 171

　　　　8.3.8　确定根本原因 ································ 171

　　　　8.3.9　确定是局部修复还是全局修复 ··················· 172

　8.4　早期行动 ··· 173

　　　　8.4.1　保存证据 ···································· 173

　　　　8.4.2　删除恶意软件 ································ 173

　　　　8.4.3　更改所有口令 ································ 175

　8.5　小结 ·· 175

第9章　环境恢复 ·· 176

　9.1　重大决策 ··· 176

　　　　9.1.1　恢复与重建 ···································· 177

9.1.2　恢复或重建的优先级 ···177

9.2　重建流程总结 ···181

9.3　总结恢复流程 ···184

9.3.1　恢复 Windows 计算机 ···185

9.3.2　恢复/还原 Microsoft Active Directory ···························186

9.4　小结 ···187

第 10 章　后续步骤 ···189

10.1　范式转换 ···189

10.1.1　实施数据驱动的防御 ···190

10.1.2　跟踪进程和网络流量 ···195

10.2　全面改善网络和数据安全卫生 ··196

10.2.1　使用多因素身份验证 ···196

10.2.2　使用强口令策略 ···197

10.2.3　安全地管理特权组成员权限 ··198

10.2.4　完善安全态势的持续监测 ··199

10.2.5　PowerShell 安全 ··199

10.2.6　数据安全 ···199

10.2.7　安全备份 ···200

10.3　小结 ···201

第 11 章　禁止行为 ···202

11.1　假设自己不可能成为受害方 ···202

11.2　认为超级工具能够预防所有攻击 ······································203

11.3　假定备份技术完美无缺 ···203

11.4　聘用毫无经验的响应团队 ··204

11.5　对是否支付赎金考虑不足 ··205

11.6　欺骗攻击方 ···205

11.7　用小额赎金侮辱勒索团伙 ··206

11.8　立即支付全部赎金 ···207

11.9 与勒索软件团伙发生争执 ················· 207

11.10 将解密密钥用于唯一数据副本 ············ 208

11.11 不要关心根本原因 ···················· 208

11.12 仅在线保存勒索软件响应方案 ············ 209

11.13 允许团队成员违规操作 ················· 209

11.14 接受网络保险策略中的社交工程攻击免责条款········ 209

11.15 小结 ····························· 210

第 12 章 勒索软件的未来················· **211**

12.1 勒索软件的未来 ····················· 211

　　12.1.1 超越传统计算机攻击 ·············· 212

　　12.1.2 物联网赎金 ··················· 213

　　12.1.3 混合目的的攻击方团伙 ············ 215

12.2 勒索软件防御的未来 ·················· 216

　　12.2.1 未来的技术防御 ················ 216

　　12.2.2 战略防御 ···················· 218

12.3 小结 ··························· 220

12.4 书末赠言 ························· 220

第**I**部分

简　介

第1章　勒索软件简介
第2章　预防勒索软件
第3章　网络安全保险
第4章　法律考虑因素

第**1**章

勒索软件简介

本章将从基础知识开始全面介绍勒索软件，讨论导致勒索软件成长为当前重大安全隐患的所有特性和组件。你将了解到，勒索软件行业的运作模式更像一个专业化和企业化的行业，而非传统意义上的那种坏小子们、犯罪团伙或黑帮躲在地下室喝着含咖啡因的汽水，周围堆满空薯片袋的形象。恰恰相反，你更可能发现的是 CEO、财务团队、研发团队和生态合作伙伴。你将熟悉当今的勒索软件，了解勒索软件的内部细节、工作原理，以及挫败勒索行为所面临的重大挑战。

请注意：本章是本书最长的一章。

1.1　情况有多严重

很多媒体和安全专家似乎都在竞相使用最新奇或最夸张的说法来形容勒索软件。但在网络和数据安全领域，勒索软件攻击的统计数据和令人胆寒之名都是名副其实的。我们还曾遭遇过造成更严重和更长时间破坏的恶意软件，例如，DOS 引导病毒、格式化磁盘的计算机病毒米开朗基罗(1992)、破坏电子邮件和寻呼机系统的 I love you 蠕虫；还曾遭遇过快速传播和导致数据库崩溃的蠕虫，如 SQL Slammer(2003)、USB 密钥传播 Conficker(2008)、垃圾邮件机器人和占用大量资源的加密挖矿机器人。在很长一段时间里，人们都生活在充斥着造成各种危害的恶意软件的世界之中。但此前的威胁都没有勒索软件大，勒索软件会造成更大危害和运营中断等情况。勒索软件很可能成为迫使互联网变得更安全的"导火索(Tipping Point)"事件。

　　勒索软件过去和现在都十分猖獗，而且还在继续恶化。预计受害组织的数量还会增加，除此之外，勒索软件攻击事故的成功数量、单笔勒索的最大赎金、支付赎金的受害方组织比例都在增加。从财务或其他方面看，总体危害呈现指数级增长。自从勒索软件问世，特别是比特币的大规模使用以来，勒索软件恶意攻击方每年都会创造新纪录。至少从攻击方的角度看，受害方组织可能生活在一个恶意软件的"黄金时代"。以下是撰写本书时的部分最新统计数据：

- 联邦调查局表示正在调查大约 100 种不同类型的勒索软件(见 Link 1)。
- 勒索软件仅在一年内就成功地攻陷了 68% 的受调查组织，仅这一个数字就十分令人震惊。
- 同一项调查显示，2020 年支付的平均赎金为 166 475 美元，57% 的受害方组织选择支付赎金。
- Coveware 表示，2021 年第一季度支付的平均赎金为 220 298 美元。为什么 Coveware 的数据高于之前的报告？可能是因为 Coveware 的数据更新了。当 Roger 看到一项较低的勒索赎金时，Roger 通常会检查统计数据的日期，一般情况下这都是老旧的数据。当 Roger 提及"老旧"的时候，指的是只过了一两年时光。无论如何，勒索软件的危害都在随着时间的推移而急剧增长。
- 最高支付赎金是 4000 万美元，但也有很多在 500 万～1000 万美元范围内。也可能有些私人支付的赎金超过了 4000 万美元，只是人们不知道而已。
- 一份 2019 年的报告(Link 2)宣称，勒索软件事故的平均成本为 810 万美元，需要 287 天才能恢复。

- 有些安全供应方表示，全球一年支付了 180 亿美元赎金，而实际上一年之内总成本可能高达数千亿美元。

总之，勒索软件的问题已经相当严重，并且随着时间的推移还在不断增加。

1.1.1　勒索软件的统计数据变化

由于勒索软件的发展速度太快，因此组织要想获得相关的最新统计数据非常困难。不同的供应方和调查报告在不同的时间段提供的数据千差万别。例如，许多网络和数据安全供应方会根据勒索团伙在几个月内的平均停留时间，计算出勒索团伙可能要求的最大勒索赎金。也有安全供应方告诉组织，"大多数"勒索软件攻击发生在闯入后或首次成功攻陷系统的几小时之内，恶意攻击方一般会要求受害方组织支付相同的费用。孰对孰错？可能所有人都是正确的。目前，各种不同技能水平和经验的数字犯罪分子至少研发了 100 种不同的勒索软件，每年成功地攻击数万到数十万个组织和个人。不同勒索软件组织攻击的行业、部门和地区也有所不同，因此，最新数字和统计数据肯定会有较大差异。

即使是完全相同的答案也可能来自同一家供应方的不同数字。例如，前面的 Coveware 在 2021 年第一季度的报告表明，平均支付赎金为 220 298 美元，但在同一份报告中，Coveware 又提到支付赎金的中位数为 78 398 美元，这两组数字似乎并不接近。这种看似统计异常的情况意味着少数高端受害方组织支付的赎金远高于普通受害方组织，从而提高了所有受害方组织的总体平均水平。结果表明，受害方组织支付几笔 500 万美元和 1000 万美元的赎金就会扭曲结果，导致统计数据失真或不准确。

受到勒索软件攻击的受害方组织所需要付出的代价是多少？估算损失是多少？答案将取决于组织不同的观点。保守答案是如果受害方组织希望保持网络和数据安全态势，并为最坏的情况预留空间，则可使用最高的估算数值，这是考虑一旦组织遭到了勒索软件的袭击，勒索方可能要求天文数字般的赎金。当然，任何受到勒索攻击的受害方组织都不会认为勒索方的要价合理的。

组织需要支付的费用实际上取决于勒索软件攻击类型、在采取措施控制危害之前组织的情况有多严重，以及恢复情况如何。没有人知道答案，直至受害方组织陷入困境才可能估算出大概范围。就像病人因左下腹疼痛做手术，在医生予以麻醉之前，病人询问医生手术费用是多少一样，没有哪位医生能够给出具体金额。

话虽如此，无论组织得到的是什么数字，无论 Coveware 使用的是平均值、中位数还是去年的数据，勒索软件所造成的危害都很大，而且越来越严重。对于估值数百万美元的组织而言，勒索软件事故的总成本很容易就达到数百万美元，而对于估值数十亿美元的组织而言，勒索软件事故总成本可能达到数千万到数亿美元。受害方组织的规模越小，损失越小，所需支付的赎金也越少。

1.1.2 勒索软件的真实成本

许多防御方在试图证明有必要防范勒索软件之前，必须估算勒索软件事故可能造成的潜在损失。根据受害方组织的规模、收入、预案、数据的价值、事故的严重程度，以及对特定勒索软件攻击的响应能力，不同组织所受的危害程度不同，有较大差异。一款非常简单的勒索软件即使攻破普通用户，拯救一台已攻陷计算机的成本也只需要 1000 美元左右。而如果受到高级勒索软件的攻击，则可能意味着受害方组织的整个网络将瘫痪数周乃至数月。

尽管如此，许多防御方仍要求估算勒索软件事故成本，以帮助组织针对勒索软件做出网络和数据安全风险管理决策，例如，购买网络安全保险、升级备份系统或启动下一步的安全投资规划，用于预防勒索软件攻击的成功入侵。然而，不幸的是，如前所述，受害方组织受到勒索软件攻击的风险较高、应对的成本较大，而且不同组织之间差异很大。

供应方和报告之间最大的分歧之一是"勒索软件事故成本"之类的主题。例如，像 Cybersecurity Ventures 这样的网络和数据安全供应方，在 2021 年公布勒索软件损失为 200 亿美元，到 2031 年损失将增至 2560 亿美元(见 Link 3)。

另外，也有人说勒索软件事故成本只有数千万美元。例如，美国联邦调查局(FBI)的 2020 年互联网犯罪报告(见 Link 4)中声明："2020 年，IC3 收到 2474 起认定为勒索的投诉，调整后的损失超过 2910 万美元。"

要想调和关于成本估算的矛盾，并确定哪个数字更准确，就必须意识到不同报告方式之间的区别。以 FBI 为例，FBI 只统计向 FBI 报告的勒索软件事故。因此，FBI 的报告最多只包括美国的受害方组织，向 FBI 报告的组织也只是勒索软件受害方组织中的一小部分。涉及数十亿美元的大数字应该是涵盖了全球因素。

不过，FBI 报告的数字似乎偏低。如果将所报损失(2910 万美元)除以受害方组织数量(2474 个)，每个受害方组织的平均损失仅为 11 762 美元。Roger 不确定 FBI 的"调整损失"数字包括什么，即使数字只包括赎金，也似乎太低了。大多数勒索软件报告显示，仅勒索赎金一项就远远超过 5 万美元，甚至有的赎金超过 20 万美元。

研究报告中的很大一部分差异在于调整后的损失可能只包括保险索赔后的财务损失。2020 年的一份研究报告(见 Link 5)表明，64%的勒索软件受害方组织已经购买了涵盖数据勒索范畴的网络和数据安全保险。因此，近三分之二的勒索软件受害方组织可能只需要支付一个小得多的免赔额(而不是全部赎金)即可，除非赎金和损失赔偿金超过了受害方组织的保险范围上限。

许多提供勒索软件统计数据的供应方都统计了支付的赎金和帮助受害方组织业务重新恢复正常运行所花费的成本。许多勒索软件事故往往包括大多数组织和个人都没有意识到的间接成本，间接成本通常没有在统计报告中列出。如果组织试图开展风险评估工作，以缓解勒索软件风险，计算出组织自身能否负担起网络和数据安全保险费，或者必须计算勒索软件事故的所有实际成本，则组织需要考虑以下相关成本。

- 无论是否发生勒索软件事故的成本：
  - 预防勒索攻击的防护成本
  - 从勒索软件事故中恢复备份的成本和增加的人工成本
  - 网络和数据安全保险费用(如果有)

- 真正发生了勒索软件事故的成本:
  - 已支付赎金(如果有)
  - 恢复费用
  - 预期受害方和下游影响造成的业务中断损失
  - 执法和调查费用
  - 人员变更、添加、删除
  - 由于新软件和保护(如果有)而导致的生产力下降
  - 声誉损害
  - 为缓解下一次攻击而做出的更多防御准备
  - 网络保险免赔额

当组织开始考虑从勒索攻击事故中恢复的所有成本时,就会发现恢复的成本远远超过支付的赎金。也就是说,提前预防勒索软件事故是成本最低的方式。

1.2　勒索软件的类型

一般而言,没有单一类型的勒索软件,大多数安全专家都试图描述过勒索软件之间的不同之处,但勒索软件仍具有以下的共同特征:

- 勒索软件是一种恶意软件应用程序(即恶意软件)
- 勒索软件潜入或秘密放置在受害方的计算机或设备上
- 勒索软件能够加密文件
- 勒索软件要求受害方组织支付赎金以提供解密密钥

自从本书前言中介绍的第一款勒索软件,即 1989 年的 AIDS PC Cyborg 特洛伊木马问世以来,大多数传统的勒索软件在其存在的前二十年间一直遵循这一基本模式。但勒索软件也在随着时间推移不断变化,如今的勒索软件已经有了许多不同的类型,也在不断进化。如果组织准备启动针对勒索软件的防护工作,那么所要完成的工作可不是简单的几个方面,组织应充分准备以应对任何差异。以下是勒索软件的不同类型:

- 伪造类勒索软件
- 立即执行或延迟执行
- 自动引导或手工引导
- 影响一台设备或多台设备
- 特洛伊木马或蠕虫
- 文件加密或启动感染
- 加密严谨或加密不严谨
- 加密或发布盗取的数据
- 勒索软件即服务(Ransomware as a Service，RaaS)

1.2.1　伪造类勒索软件

并不是所有声称是勒索软件的恶意软件都能真正加密文件并最终控制用户的设备。有许多不那么复杂的恶意软件和简单的 JavaScript 小程序也声称是勒索软件，但这些自称勒索软件的恶意软件都是虚张声势。伪造类勒索软件不会加密任何数据。因此，伪造类勒索软件通常也称为恐吓软件(Scareware)。

伪造类勒索软件的勒索团伙通常会以恐吓方式接管用户当前的互联网浏览器，以至于受害方组织和个人会认为自己已经失去了对计算机或手机的控制权，且只有支付赎金才能重新获得控制权。伪造类勒索软件恐吓受害方，告知受害方已经记录了受害方的不齿行为(例如，浏览色情网站等)或做了非法的事情(例如，观看儿童色情图片、非法逃税等)。图 1.1 显示了伪造类勒索软件的警告信息，声称涉及美国司法部和联邦调查局。

伪造类勒索软件的警告在移动设备上很流行。人们可能在想谁会相信这个警告呢，尤其是在建议付款的方式之下。但多年来，各个年龄段的用户都曾经支付过伪造类勒索软件所要求的赎金。更令人痛心的是，有些受害者因为相信了虚假的勒索软件通知，并对自己所谓的"行为"感到羞耻，甚至选择了自杀，并至少发生了一起谋杀后自杀的事件(见 Link 6)。这是非常可悲的。

YOUR COMPUTER HAS BEEN LOCKED!

This operating system is locked due to the violation of the federal laws of the United States of America! (Article 1, Section 8, Clause 8; Article ; Article 210 of the Criminal Code of U.S.A. provides for a deprivation liberty for four to twelve years.)
Following violations were detected:
Your IP address was used to visit websites containing pornography, pornography, zoophilia and child abuse. Your computer also contain: video files with pornographic content, elements of violence and chil pornography! Spam-messages with terrorist motives were also sent your computer.
This computer lock is aimed to stop your illegal activity.

To unlock the computer you are obliged to pay a fine of $200.

You have **72 hours** to pay the fine, otherwise you will be **arrested**.

You must pay the fine through MoneyPak:
To pay the fine, you should enter the digits resulting code, which is located on the back of your Moneypak, in the payment form and press OK (if you have several codes, enter them one after the other and press OK).
If an error occurs, send the codes to address fine@fbi.gov.

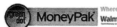

图 1.1 伪造类勒索软件示例

在大多数伪造类勒索软件的场景下，受害方组织和个人唯一需要做的就是找出一种方法从设备中删除伪造类勒索软件。伪造类勒索软件是勒索软件中最容易根除的类型，一般情况下只需要组织和用户重启浏览器即可完成恢复，当然也需要一些努力，因为勒索软件的确能够"控制"浏览器。还有一些伪造类勒索软件的受害方完全可轻松关闭受影响的浏览器，而有些则可强制关闭。在 Microsoft Windows 系统中，可能需要单击 Ctrl+Alt+Del，启动任务管理器，然后终止相关进程。

从大多数受害方的经验看，伪造类勒索软件只需要通过关闭浏览器或重新启动相关设备就可根除；尽管重启浏览器后可能只会自动打开最后一页，但是如果不这么做，将更加麻烦。

如果伪造类勒索软件能够修改本地设备文件，能够在设备重启后自动重新启动并"拥有控制权"，则用户必须使用另一种方法绕过正常启动流程，以删除伪造类勒索软件的启动文件。在 Microsoft Windows 系统中，通常意味着需要在安全模式下启动计算机，然后查找并删除恶意文件或注册表项。

如果人们对于处理真正的勒索软件有一定经验，那么会发现与真正的勒索软件相比，伪造类勒索软件往往更喜欢吹嘘。例如，有些伪造类勒索软件通常试图暗示勒索软件捕捉到受害方的不道德或非法行为，或者捕捉到受害方的口令，如果受害方不付款，则会造成更大的危害(勒索软件在最初的声明中通常不会吹嘘得太过离谱)。所以，如果用户看到一款勒索软件声称其记录了用户或用户的行为，那么这款勒索软件更可能是恐吓软件而不是真正的勒索软件。

破坏类恶意软件比真正的勒索软件更接近恐吓软件，尽管破坏类恶意软件在伪装方面可能会做得更好。例如，尽管 StrRAT 不会加密文件，但会重命名文件并添加一个.crimson 后缀(见 Link 7)。在 Microsoft Windows 系统中，将任意文件重命名为不合法的扩展名，将导致图标无法正常显示也无法正常打开文件或执行应用程序，通常很容易导致大部分受害方组织相信发生了真正的勒索软件事故。然而，即便这样，受害方组织只需要将已受害文件重命名为其完整的原始名称，即可将受害文件恢复正常。StrRAT 受害文件不是真正加密的，也不需要解密密钥来还原。如果安全专家怀疑是伪造类勒索软件攻击了组织，则可尝试打开一个"加密"的受害文件，将文件重命名为其原始扩展名，然后检查是否还能读取；这对于组织而言是有益而无害的。作为测试，组织通常能够在真实的"加密"文件上执行"解密"操作，而不会造成进一步的危害。

另一方面，也有一些恶意软件声称加密了文件，如果支付赎金，勒索方将解密受害文件，但事实上，勒索方并没有任何解密的意图。NotPetya 攻击(见 Link 8) 就是一个很好的实例。NotPetya 攻击影响了数十万台计算机。当 NotPetya 攻击发生时，声称如果支付了赎金，勒索团伙将会解密文件(见图 1.2 的屏幕截图)。但是事实上，即使受害方组织支付了赎金，勒索软件也永远不会解密文件。这样的勒索方式只是诡计而已，目的是混淆受害方组织的判断，造成更持久的危害，直至受害方组织意识到上当了。

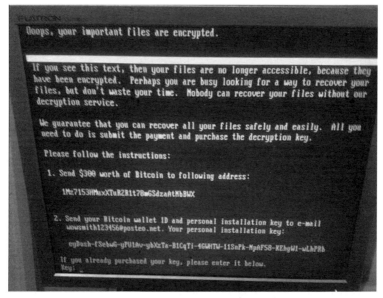

图 1.2　NotPetya 被激活并声称是勒索软件

覆盖引导扇区和文件而不允许轻易恢复的恶意软件称为碰瓷类恶意软件(Wiper Programs)。NotPetya 就是一款碰瓷类恶意软件，而非勒索软件。NotPetya 之所以称为勒索软件，是因为 NotPetya 的大部分代码都是从另一个真正的勒索软件 Petya 借用而来的。只是修改了 Petya 勒索软件的代码而成为一款碰瓷类恶意软件，这也是安全分析人员将 Petya 称为 NotPetya 的原因之一。

1.2.2　立即执行或延迟执行

大多数早期的勒索软件在执行时就立即启动并加密文件。几年前，还有 70% 的勒索软件是这样做的。立即执行加密操作的勒索软件更容易编写，在执行有效负载之前不太容易成功检测，受害方组织往往付款也较快速，因为通常立即执行勒索软件造成的损失更小，要求的赎金也较少。安全专家们将这些称为直接行动类恶意软件(Direct-action Malware)。

但是现在，立即执行类勒索软件已经处于次要地位了。从 2019 年底开始，立即执行类的特洛伊木马不怎么常见了。尽管仍然有很多立即执行类勒索软件(这类软件更容易编写)，但大多数勒索软件在执行有效负载之前会"隐匿"数天、数月甚至数年，1.3 节将进行详细介绍。图 1.3 展示了一款名为 Cryptic 的立即执行类勒索软件。

图 1.3　立即执行类勒索软件 Cryptic

Roger 需要为了一场网络研讨会提供主机恶意软件，并从网站下载了 Cryptic。Roger 很惊讶，居然发现 Cryptic 勒索软件在 15 秒内执行并锁定了 Roger 测试用的虚拟机环境。虽用用户无法直接看到加密文件，但能看到 Cryptic 勒索软件新建的所有 TXT 文件，而且新 TXT 文件采用的是西里尔文和英文组合来通知勒索软件事故。有些立即执行类勒索软件将快速执行有效负载，例如，在加密文件之前收集口令并将口令上传至恶意攻击方。立即执行类恶意软件会自动执行口令收集和上传操作，并且通常在几秒钟内就可以完成。

另一个常见的直接执行的勒索软件称为 Kolz(见 Link 9)。Kolz 会加密文件，并为所有加密文件添加文件扩展名，然后要求受害方组织向勒索方缴纳 490～980 美元的赎金，以获取勒索方提供的解密密钥。

然而，很明显，受害方组织在自己的设备和网络上花费了很长时间却没有检测到勒索软件，至少在两个关键层面上令人担忧。

首先，恶意软件隐匿的时间越长，危害的程度越高。如果恶意软件长期潜伏，那么恶意软件将有更充裕的时间四处探查；同时，收集口令的时间更长，传播并感染其他计算机的时间也更长。恶意软件隐匿的时间越长，受害方组织的风险就越高。

其次，网络和数据安全防御存在重大问题。大多数组织和个人都有最新的病毒防御系统，这意味着安全工具可主动扫描新传入的文件和内容，寻找带有恶意的标记或活动；尽管组织网络中已部署最新的防病毒应用程序，但绝大多数勒索软件仍然能够成功入侵组织的环境。事实上，大多数受影响的组织都拥有可成功抵御攻击方和恶意软件的多项安全措施，然而，已经部署大量安全措施的组织仍然会受到入侵。受害方组织都认为自己的网络和数据安全水平能够达到防御勒索软件的程度。组织部署了防病毒软件、防火墙，完成了事件持续监测、安全配置、最低权限配置，还打了足够多的补丁，但依然遭到恶意软件和攻击方的成功入侵。

勒索软件给予组织和个人积极的教训，那就是勒索软件指出了显性错误，即大多数组织并没有完善、可靠、彻底地做好备份系统。由于系统和数据的存在，安全专家告知或要求所有组织部署完善、独立、彻底的备份系统。安全专家应告知系统和数据所有方不仅是因为要防范勒索软件，而且是因为要防范任何灾难的恢复或业务中断事件。大多数组织认为已经建立了很好的备份系统，而且大多数组织已经告知合规审计师完成了充分的备份工作。但当勒索软件发出告警、加密文件，并实施勒索、要求受害方组织支付赎金以换取解密密钥时，才能证明受害方组织并没有完善、可靠、彻底的备份系统，至少没有勒索软件勒索范围内所需的备份。此外，事实上，许多组织确实拥有完善、可靠、彻底的备份系统，但是，当勒索团伙在加密数据之前删除了受害方组织的备份数据时，受害方组织才意识到数据备份无法保护组织周全。总之，勒索软件就是巨大的警钟，迫使许多组织意识到自己并没有向外界宣称的那样，拥有完善、可靠、彻底的备份系统。仅在这一点上，勒索软件的确帮助许多组织提高了防御意识、水平和能力，确保受害方组织需要拥有真正完善、安全、彻底的备份。而可靠的备份系统在许多其他类型的安全事件中也非常有用，例如，灾难恢复。

1.2.3　自动引导或手工引导

自动引导或手工引导类恶意软件是勒索软件(实际上是所有恶意软件)在过去十年中发生的最显著变革之一。传统恶意软件仅仅完成程序代码中设定的攻击路径，不可能完成任何程序代码之外的操作。即使是行动延迟类勒索软件也经常以这种方式运行。例如，第一款勒索软件 AIDS PC Cyborg 特洛伊木马设定为在初次执行后 90 秒左右重新启动文件和文件夹。AIDS PC Cyborg 不是那么灵活，但 AIDS PC Cyborg 足以完成程序代码设定的攻击行为。

如今，许多恶意软件和大多数勒索软件都在使用自动化方法；例如，特洛伊木马或蠕虫病毒，非授权闯入并获得对于设备或环境的初始"立足点"访问，然后允许勒索团伙控制恶意软件的操作。手工引导类勒索软件改变了游戏规则，变得更加危险和狡猾。这是因为与自动化应用程序不同，人类可根据环境和学习动态改变战术、进攻能力和防御措施。例如，攻击方可闯入、窃听电子邮件，窃取重要信息，然后利用信息索取更高的勒索赎金。或者，基于手工引导的攻击方可能会弃用附加的恶意软件，如 Trickbot(一种口令窃取特洛伊木马)，以便在加密文件之前收集尽可能多的口令。与简单的、自动匹配的、直接运行的勒索软件相比，手工引导的、隐匿的恶意软件才是更严重的问题。本章稍后将对此进行更多介绍。

1.2.4　影响一台设备或多台设备

早期简单的勒索软件只会影响最初受到勒索的硬件设备。而如今大多数勒索软件要么直接影响更多硬件设备，要么允许人工探索并攻击更多数据资产。如果勒索软件(如图 1.3 所示的 Cryptic 勒索软件)仅加密其所在的设备，则对于受害方而言算是"幸运的"。

几年前，勒索软件如果要攻陷更多设备，则主要是通过从设备内存中收集管理登录凭证来实现的。收集管理登录凭证通常发生在连接到 Microsoft Active Directory 的 Microsoft Windows 计算机之上。勒索软件将使用键盘记录器或 Trickbot、Mimikatz 或 Wince 等应用程序从内存或文件中窃取作为登录凭证的口令或口令哈希值，然后使用盗取的凭证在更多设备上横向传播。

如今，勒索软件可使用相同的自动化方法或人工方法进入已攻陷的环境四处查看，并使用各种工具和脚本收集恶意勒索方想要的安全凭证类型，同时，攻击同一网段的设备(即横向移动、内网传播)。今天，大多数勒索软件将同时攻击和加密多台设备，因为同时攻击和加密多台设备将增加支付赎金的机会和金额。Roger 曾听说过同时锁定数百至数万台设备的勒索事件。即使不是组织中的大多数设备都受到加密锁定，受害方组织也必须假设所有设备可能都已沦陷。在重新使用设备之前，组织必须清理或验证所有设备是否安全可靠。

大多数勒索团伙能同时对多台设备实施攻击和加密，这意味着受害方组织必须假设最坏的情况，直到响应团队彻查每台可能访问的设备并认为是安全的。只是很小的分公司或部门受到攻击就导致整个全球性集团暂停业务的消息司空见惯。

臭名昭著的 Colonial Pipeline 攻击事件就是如此(见 Link 10)。据新闻报道，勒索软件只是影响了 Colonial 的计费系统，但必须关闭其他业务运营和生产系统，才能恢复计费系统；Colonial 验证成功后才能安全地重新打开管道、恢复业务运营。当然，也并非所有地区都受到影响。例如，在佛罗里达州的部分地区，由于消费方此前担心天然气无法通过管道输送而未用管道，因此未受此事件的影响。在那些遥远的国家(如荷兰)，Colonial 告知民众管道因数据袭击而无法启动。尽管勒索软件只是勒索了组织中哪怕很小比例的设备，也可能造成很大的问题。

假设组织认为只有直接运行的单台设备受到勒索软件的袭击，那么组织怎么确定这一点呢？由于存在多种勒索软件，组织的风险计算要复杂得多，这不仅是因为勒索软件通常会同时影响多台设备，而且即便勒索软件没有影响多台设备，也不代表就没有威胁。

1.2.5 勒索软件攻击的根本原因

恶意攻击方能够用很多方法将勒索软件传播到组织内部，包括：

- 社交工程攻击(SEA)
- 恶意软件
- 未打补丁的软件
- 错误配置漏洞利用
- 口令猜测
- 使用受害方已泄露的口令
- USB 密钥感染
- 攻击受信任的第三方

传播勒索软件最常见的方法是通过社交工程攻击，用电子邮件或网站弹出消息来传播并执行特洛伊木马。大多数情况下，绝大多数勒索软件攻击都是社交工程攻击造成的(尽管还有其他重要原因)。

还有一类勒索软件，如 WannaCry(见 Link 11)，会像蠕虫一样传播。蠕虫病毒使用自己的编码规则，通常寻找并利用未打补丁软件的漏洞，或寻找软件能够滥用的错误配置。WannaCry 寻找并使用易受"永恒之蓝"服务器消息块(Server Message Block，SMB)攻击的未打补丁版本的 Microsoft Windows。SMB 是 Windows 文件共享和许多其他 Windows "幕后"机制的基础协议。美国国家安全局在发现 SMB 漏洞后，恶意攻击方组织窃取了 SMB 漏洞，并最终用在 WannaCry、NotPetya 和其他恶意软件中。

基于蠕虫病毒的勒索软件不如基于特洛伊木马的勒索软件那么流行，但基于蠕虫病毒的勒索软件的传播速度却快得多，具体取决于蠕虫病毒传播的攻击性、访问可利用设备的能力及可访问设备的总体数量。社交工程攻击可帮助基于蠕虫病毒的勒索软件攻击不同平台，而不必依赖未打补丁的漏洞来获得成功。

勒索软件能够像计算机病毒一样感染文件，利用已感染文件传播，只是这种情况几乎不常见。一般而言，计算机病毒在恶意软件中使用较少，因为计算机病毒很难在各类设备和场景中编码且成功运行。因此，大多数勒索软件都是利用了社交工程攻击的特洛伊木马程序或蠕虫病毒。

1.2.6　文件加密或启动感染

勒索软件通常会对可利用的主机上的大多数文件(或具有特定文件扩展名的文件)予以加密。大多数勒索软件会保持计算机的启动文件和进程不受影响，以便受影响的计算机在勒索发生前运行良好，并可用于索取赎金，且允许用户输入解密密钥以解锁文件。有些文件加密勒索软件将加密所有内容，包括启动文件，但也会留下足够的恶意信息，进而允许响应人员及时发现、分析并理解发生的事件。

有些勒索软件，如 Petya(见 Link 12)，只是加密操作系统的引导文件，如主引导记录(MBR)或相关的关键系统文件(如文件系统表)。大多数情况下，由于其所涉及的文件都没有真正加密，因此，在不支付赎金或不使用解密密钥的情况下，完全或部分恢复的可能性也较大。然而，当加密引导文件或文件表时，勒索软件会擦除文件的物理位置及其所在磁盘扇区。虽然文件和文件夹仍处于未加密状态，但可能难以找到或重建受影响的文件和文件夹。单独加密引导文件或文件系统表对于受害方而言可能和真正的文件加密勒索一样难以处理，尽管受害方组织有可能(即使只是很小希望)拿回未加密的文件及内容。

对于恶意软件而言，准确地感染引导文件和文件系统表比加密文件和文件夹更难。在特定情况下，勒索软件没有准确加密启动文件或文件系统表，因而勒索软件没有正常执行。勒索软件会显示勒索的告警信息，但根本没有影响系统。这种情况下，数据恢复专家能够恢复或使用一些操作系统默认制作的引导扇区或文件系统表副本，将加密的部分恢复至受影响前的状态。

这就是说，虽然启动文件和文件系统表加密的勒索软件会很糟糕，但与真正的文件加密勒索软件相比，从启动文件和文件系统表中恢复反而并没有那么夸张，在技术上也不是灾难性的。如果组织受到勒索软件攻击，且没有良好的备份，受害方反而希望攻击的勒索软件只是引导扇区或文件系统表加密应用程序。如果组织需要获取到关键信息，这类勒索软件反而让组织有更大的恢复机会。

还有许多勒索软件只是查找和加密特定类型的文件，通常是 Microsoft Office 格式(例如 Microsoft Word 的.docx、Microsoft Excel 的.xlsx 等)。恶意攻击方的想法是，攻击方可针对更少的文件类型快速加密更多数据，且仍可获得报酬。这的确是可行的。组织的数据一般比常见的静态操作系统文件更有价值。

1.2.7　加密严谨或加密不严谨

无论勒索软件如何加密，掌握勒索软件使用的加密类型都十分重要。早期的勒索软件(如 PC Cyborg 木马)实际上更接近于隐藏技术，而不是真正的加密文件。非加密类攻击技术在今天也依然可见。有些不太复杂的勒索软件要么使用了模糊策略而不是严谨的加密技术，要么使用了不严谨的加密技术，严谨的加密技术是很难实现的。即使是世界上最训练有素、受教育程度最高的密码学专家也在努力研发出更优秀、更可靠的新型加密应用程序。

早期勒索软件使用模糊处理和自制(即不严谨的加密技术)应用程序。大多数早期的勒索软件事故发生后都可找回数据，而不需要训练有素的密码学家，有时只是一位没有经过训练的普通研发人员就能做到(了解正在发生的事情，具备一定的编程知识)。

如今，大多数勒索软件使用非常严谨的、运用广泛的加密技术，例如 RSA 和 AES。如果没有正确的解密密钥，通常无法解密文件。尽管如此，如果受害方比较幸运，对于有些加密不严谨的文件或不太复杂的勒索软件版本，可在没有解密密钥的情况下恢复数据。有时，同一勒索软件的所有版本共享相同的解密密钥；如果是这样，一旦受害方知道解密密钥是什么，就可使用相同的密钥解密，而不用支付赎金。另外有许多网站提供勒索软件共享密钥。

了解组织受到攻击的勒索软件和版本后，可快速确定是否需要支付赎金才能恢复加密文件。

1.2.8　加密或发布盗取的数据

勒索软件仅是加密文件的情况一直持续到 2019 年底。从 2019 年 10 月开始，一款名为 Maze 的勒索软件威胁将公开数据。而在前几个月，同一勒索团伙曾多次威胁说如果没有得到赎金，就要发布其盗取的数据。2019 年 11 月，Maze 兑现了威胁，并在多个地点公开发布了受害方的失窃数据，包括受害方个人网站和维基解密，很快这样的事情就在全世界变得普遍了。图 1.4 显示了一个真实实例，列出恶意攻击方从律师事务所盗窃的文件、放置在暗网上的证据以及提出的敲诈要求。

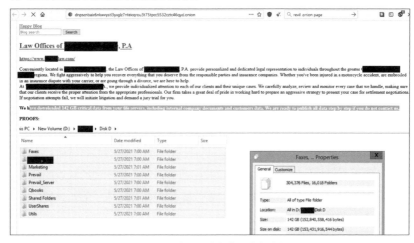

图 1.4　现实世界中的数据勒索诉求

新型的勒索策略帮助 Maze 获得了更多不义之财。很快，其他勒索团伙看到 Maze 的成功也纷纷效仿。几个月后，REvil/ Sodinokibi 和 Zeppelin 勒索软件也开始使用这种战术。起初只有一个勒索团伙使用这种策略，很快就演变为大部分勒索团伙都采用这种策略。到 2020 年底，超过 70%的勒索软件攻击将数据非法发布作为主要策略；到 2021 年第一季度，这一比例超过 77%；到 2021 年中期，这一比例可能超过了 80% (见 Link 13)。也就是说，组织更可能遇到非法公开攻击，即勒索软件在加密受害方组织的机密数据前，会先将其非法公开。许多新媒体开始将这一新的流行语称为双重敲诈，但实际情况其实比这更糟糕。

勒索团伙意识到，许多受害方组织拥有完善的备份体系，因而无法获取赎金，并且意识到勒索软件的核心能力不是加密文件，而是对受损环境及其包含的一切的非授权访问。通过使用非授权访问的方式，攻击方最终能完全控制网络、获取口令并访问所有关键数据和系统。实际上，恶意勒索方能窃取数据和实现任何针对受损系统的攻击意图。

除了非法获取数据，勒索软件攻击方还能窃取公司、员工和客户口令。以前勒索方窃取口令只是为了帮助横向传播并攻陷同一网络中的更多设备，而从 2019 年开始，勒索方窃取口令的主要目标是利用口令最大限度地提高勒索压力，或在犯罪活动中实现利润最大化。

勒索软件不再只是立即执行类特洛伊木马，而是长期驻留在组织的设备或网络上，可能是几小时、一年甚至更久。Roger 在不同时间段看到不同的统计数据，勒索软件在没有暴露的情况下平均隐匿时间是 120 天到 200 天。Roger 知道许多勒索软件在网络中隐匿了一年甚至更长时间，其中一款勒索软件在受害方组织环境中潜伏了三年之久而没有暴露。

> FireEye Mandiant 公司曾经表示，1%的勒索软件在受害方隐匿的时间超过 700 天(见 Link 14)，但整体而言，勒索软件的平均隐匿时间正在缩短。

现在的勒索软件不仅收集在网络中传播的网络口令，还收集员工在系统或网站上使用的所有口令。除了网络口令，勒索软件还获取系统和员工用于业务工作的网站和服务的口令，以及员工在个人网站上使用的所有口令。互联网上最具影响力的网络和数据安全博主之一布赖恩·克雷布斯(Brian Krebs)讲述了 2019 年至 2020 年的一起勒索软件攻击事件(见 Link 15)。这起勒索软件事故导致受害方公司丢失了 300 多种不同类型的口令，包括他们的银行门户、医疗卫生网站、招标网站、工资服务甚至邮寄账户的口令。

勒索软件通常在隐匿期间窃取员工口令，即当员工访问大量的个人网站(如员工的银行网站、股票投资网站、401K 网站、医疗网站、亚马逊购物网站、Instagram、Facebook、TikTok 等)时窃取。在此期间，勒索软件、特洛伊木马或脚本会收集所有口令。对于受害方组织的客户也是一样，如果组织有客户登录某个网站，并且网站托管在有安全问题的环境中，勒索团伙也会收集用户信息，因为勒索团伙知道受害方组织的客户可能使用与受害方组织相同的口令。

一旦采集到相关的数据和口令，勒索方就会联系受害方组织的员工和客户，告诉受害方组织勒索方已经窃取了数据，并威胁说："如果受害方组织不付钱给勒索方，勒索方将向全世界公开受害方组织的敏感信息、口令或个人记录！"勒索方经常告诉受害方组织的员工和客户，勒索的唯一原因是受害方公司没有付款。这将导致声誉和信任问题，更不用说个人情绪问题；如果勒索方非法发布或利用失窃的安全凭证，可能导致敏感数据(如身份数据)的进一步泄露。

一个实例(见 Link 16)是 RaceTrac 便利店和加油站的客户勒索软件事故。另一个实例是佛罗里达州一家整形外科中心的患者勒索软件事故(见 Link 17)；勒索方声称如果患者不支付赎金，私人医疗信息(包括照片)将向公众公布。Roger 知晓的最糟糕事件之一是 2020 年芬兰赫尔辛基发生的勒索软件攻击(见 Link 18)，勒索方窃取了数万名心理健康患者的个人数据；曾有三万名患者受到勒索，勒索方公开发布数百个令人情绪激动的个人隐私事件，甚至有几名患者讲述因为自身信息泄露而差点自杀。

这给受害方组织造成了巨大的声誉问题。即使没有直接向受害方组织的员工和客户勒索金钱，勒索软件攻击方也会让员工和客户意识到自身信息在攻击方的控制之下，制造威胁。图 1.5 显示了勒索软件攻击方实施勒索并以个人数据作为威胁的示例。

勒索软件的攻击方将此警告放置在受害方组织网站的主页上，将导致所有来访的客户都能看到发生了什么。然后，勒索方额外创建了一个域名，涉及受害方的原始网站名称，在域名上添加了"敲诈勒索"一词，并发布一个新的电子邮件地址，以便受害方组织的员工和客户能联系到勒索方。勒索方将此警告放置在受害方的网站上，同时将警告放置在勒索方创建的新网站上，这样当受害方组织关闭或清理原始网站时，人们依然能够跟踪。无论受害方组织是否支付赎金，都会损害受害方组织的名誉。

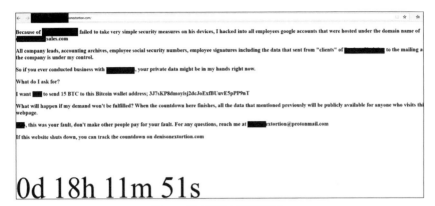

图 1.5　现实世界中的勒索要求

当攻击方侵入受害方的系统时，攻击方也会阅读电子邮件，分析受害方组织与其供应方和合作伙伴之间的业务关系。攻击方能够利用获取的信息发送钓鱼电子邮件，诱使业务部门打开恶意文档或运行特洛伊木马程序。合作伙伴收到了来自原始受害方的电子邮件，合作伙伴与受害方之间保持着信任关系。合作伙伴不理解为什么受害方会要求打开文档或文件，但大多数合作伙伴毫不犹豫地这样做了。于是按照要求操作的合作伙伴就成为新的勒索软件受害方，新的受害方可能将责任归咎于上游受信任的合作伙伴(当然还有勒索团伙)。

勒索软件攻击方还到处公开宣传攻击方攻陷的受害方组织清单(如图 1.4 和图 1.5 所示)，以便对受害方组织施加更大的压力，从而快速拿到赎金。往往，受害方组织期望勒索软件攻击没有将泄露事件报给媒体；然而，事与愿违，受害方组织绝对不可能有这样的好运气！攻击方经常亲自充当公关机构，向媒体发送最新的入侵证据。Roger 曾在《信息世界》和 *CSO* 在线杂志担任每周安全专栏作家将近 15 年；2019 年末，勒索团伙经常联系 Roger，询问 Roger 是否会公布勒索方最新的勒索方案。Roger 还记得曾经与某个杂志的母公司主编会面，当时 Roger 还犹豫要不要成为勒索团伙的间接公关机构。看起来勒索方在自己的网站上发布最新的消息时遇到了来自新闻来源的抵制。

组织能在网站上找到当下最新流行的一些勒索软件及其公关网站的列表(见 Link 19)；不幸的是，组织必须加入 Tor 网络才能看到其中的大多数内容，扩展名为 ".onion" (译者注：.onion 是用于在 Tor 网络上寻址的顶级域后缀，不属于实际域名，也未收录于域名根区中。但只要安装了正确的代理软件，如 Tor 浏览器，即可通过 Tor 服务器发送特定的请求来访问.onion 地址。使用这种技术可使信息提供方与用户难以受到中间经过的网络主机或外界用户的追踪)。

在这一切之后，如果受害方组织仍在争论支付赎金的问题，勒索方会尽其所能迫使受害方组织支付赎金。一种越来越常见的策略就是，如果受害方组织的辅助站点不受勒索软件事故的影响，勒索方将开展大规模的分布式拒绝服务(DDoS)攻击。也许勒索软件只摧毁了受害方的公司级网络，而没有摧毁受害方的面向公众的网络服务器，网络服务器完全托管在其他地方。攻击方也能攻陷服务器，尝试造成与支付赎金一样多的痛苦和折磨。总之，以下是当今大多数勒索软件正在做的事项：

(1) 加密数据。

(2) 收集电子邮件、数据、机密信息、IP 地址，并将其公开发布，或提供给攻击方、竞争对手、暗网或公共互联网(如果组织不支付赎金)。

(3) 窃取公司、员工和客户登录凭证。

(4) 勒索员工和客户。

(5) 通过真实的电子邮件地址和合作伙伴信任的主题，从受害方自己的计算机上向商业伙伴发起钓鱼攻击。

(6) 对受害方仍在运行的全部网络服务实施 DDoS 攻击。

(7) 公开令受害方组织蒙羞的数据。

2020 年 1 月，Roger 在名为 Nuclear Ransomware 的网络研讨会上首次介绍了勒索软件所做的除加密之外的所有事情(见 Link 20)；另外，Roger 写了一篇文章(见 Link 21)。

需要确保组织中负责网络和数据安全防御、风险管理和高级管理的人员了解当今勒索软件的特性。如今的勒索软件不单纯是数据加密问题，也不仅是数据外泄问题。完善的备份体系并不能解决第(4)到第(7)个问题。组织的主要防御措施应该是预防，这意味着需要考虑对抗社交工程攻击并坚持打好补丁以战胜大多数风险。

1.2.9　勒索软件即服务

勒索软件即服务(RaaS)有些像最新的云流行语(如 SaaS、IaaS 等)，但绝对是真实存在的。传统的勒索软件是一款自动化软件，目标在于完成软件应用程序所设计的任务。即使在早期，攻击方和没有任何攻击技能的人员也可购买并使用勒索软件。与其他软件一样，勒索软件也经常需要更新，以补充最新的漏洞、修复错误并升级新的功能。更新软件对于合法用户和勒索团伙而言都是一件痛苦的工作。许多勒索软件开始自动更新软件主体。在攻陷受害方组织的设备之后，勒索软件每天会自检数十次，检查是否有新版本或其他恶意软件可供下载。

勒索软件的缔造方认为，如果微软、谷歌、Salesforce 和其他公司可提供基于云服务的软件，勒索方也可采用云平台技术。因此，从几年前开始，有些勒索团伙开始提供基于云服务的勒索软件。一般而言，云服务的勒索软件并不是真正基于云平台的，但云服务的勒索软件的确开始的时候表现得更像云服务。

传统勒索软件能够一次性买断，也可一次性升级。取决于勒索软件研发人员和团伙的差异，一次性买断的初始费用可能从数百美元到数万美元不等。RaaS 不需要昂贵的初始费用。取而代之的是，"附属机构"订阅勒索软件服务，附属机构可使用勒索软件，但需要为每次勒索服务支付固定费用，或支付所勒索的全部赎金的一定比例。附属机构向勒索软件缔造方支付的百分比可从几个百分点到几十个百分点(如 30%)不等。RaaS 缔造方之间存在巨大的竞争，如果 RaaS 缔造方收取较低的附属费用，附属机构则保留了更多赎金。相反，更好的 RaaS 缔造方可获取更多附属机构的赎金，因为 RaaS 缔造方为攻击方提供了更成功的勒索软件。即使附属机构支付的费用占比更高，但总体而言，附属机构的收入仍高于与成本较低的供应方合作。Link 22 是一篇关于 RaaS 基础知识的精彩文章。

有些 RaaS 缔造方为其附属机构制定了"规则"。指导附属机构的活动，并可因 RaaS 缔造方行为不当或给 RaaS 缔造方造成了不合理的风险而实施处罚。一家名为 Darkside 的勒索软件附属机构攻击了 Colonial Pipeline 油气管道，导致了美国的天然气供应异常。勒索攻击最终迫使美国的司法部、联邦调查局、中央情报局、国家安全局甚至拜登总统介入。也就是说，附属机构开展的勒索软件攻击所造成的事故招致了"过多的关注"。RaaS 缔造方实际上为其附属机构的行为和目标选择予以多次道歉。勒索软件缔造方最后还特意"解雇"附属机构，并更改了附属机构的许可证，以避免类似 Colonial Pipeline 油气管道攻击的勒索事故再次发生。这是一场非同寻常的道歉和公关活动。

不同类型的勒索软件之间还存在诸多差异，了解主要差异能帮助组织针对不同类型的勒索软件部署更好的防御控制措施。

1.3　典型勒索软件的流程和组件

因为有这么多不同类型的勒索软件，因此，至今还没有一套完全标准的勒索软件入侵流程。如前所述，勒索软件以某种方式(漏洞)侵入并操纵一台或多台设备，可能完成不同的额外有效攻击载荷、加密文件，并发出勒索通知。自动化勒索软件能够完成攻击，人工的勒索团伙和勒索软件服务也能完成攻击，但做法大不相同。本节将介绍最常见的勒索软件攻击流程。

1.3.1　渗入组织

所有勒索软件的第一步是以非授权方式获得对受害方组织第一台设备的初始"立足点"访问权，大多数情况下都是通过社交工程攻击实现的，通常是因为受害方组织和用户收到一封钓鱼邮件，要求用户打开附件、执行恶意文件或单击嵌入的链接；或者用户在访问一个恶意链接或弹出窗口的网站时受到欺骗。无论哪种方式，目的都是诱骗用户单击恶意链接并启动最初的恶意软件。

受害方系统环境中可能包含攻击方可能利用的未修补漏洞。大多数情况下，漏洞源自未修补的客户端软件，用户只需要访问包含恶意 JavaScript 的恶意网页，就将访问含有漏洞的网站，并最终在不知不觉中感染了用户的设备。这可称为静默下载(Silent Drive By Download)。有时在网站上还可找到未打过补丁的软件。Roger 听说过很多种这类软件，例如，未打补丁的 VPN 服务器(见 Link 23)导致 Travelex 瘫痪，勒索软件专门针对未打补丁的微软 Exchange 服务器(见 Link24)发起攻击。未打补丁的软件通常是攻击方攻击中的第二大常见根本原因。

勒索软件入侵系统的另一种常见方式是对互联网可访问的登录门户和应用程序编程接口(API)执行口令猜测攻击。到目前为止，攻击方或恶意软件最常见的猜测对象是微软的远程桌面协议(RDP)，将在第 2 章中详述。基于调查，世界上有一半以上的勒索软件利用对 RDP 的口令猜测来攻击受害方，包括以下勒索软件：CrySiS、Dharma、Maze 和 SamSam。需要明确的是，口令猜测只可能在 RDP 登录口令设置强度太弱的情况下成功，或者在 RDP 登录口令设置允许无限次登录又从不锁定账户的情况下成功(这是一个严重的安全风险)。RDP 口令猜测攻击通常并不内置在恶意软件中，而是由恶意攻击方使用另一套口令猜测工具单独完成的。口令猜测工具试图在受害方网络上找到第一个立足点，然后，在成功猜测口令并获得访问权限后，攻击方才开始上传并启动勒索软件。

来自 Coveware 公司的报告(见 Link 25)显示，通常 RDP 是首要的初始访问攻击向量，但不知道这是否包括未修补的 RDP(这也是初始攻击的一个重要原因)或只是 RDP 口令猜测攻击。除了 Coveware，没有来源显示 RDP 攻击占比如此之高。但报告确实指出，如果没有适度的安全保护措施，RDP 将带来严重风险。

　　还有一些占比较低的主要原因，如 USB 密钥感染和内部攻击，但之前的三个问题(即社交工程攻击、未打补丁的软件和口令猜测)是勒索软件攻击受害方的三种最常见方式，其他方式几乎都可忽略不计。

1.3.2　初始执行后

　　重要的是，在大多数勒索软件场景中，能实际加密有效载荷的应用程序都尚未安装。第一个用于攻击受害方的恶意软件就是这样。人们称之为主恶意软件或下载器，有时简称为加载器。通常只在问题设备上自行建立，然后使其能重启或断电后自动重启，并提供对受感染系统的访问，进而执行攻击任务。在 Windows 系统上，这通常意味着加载器修改了 Microsoft 创建的数十个功能中的任意一个，以允许在重启或通电后自动执行。最常见的篡改区域包括注册表、计划任务或恶意的系统服务。勒索软件能在 Windows 系统上修改至少十几个地方，以便在重启设备后自动执行，主程序的第一个任务就是在初始立足点攻击成功后继续执行其他攻击有效载荷。

1.3.3　回拨

　　大多数情况下，存根文件将收集有关受害方组织主机的少量信息，足以帮助攻击方识别受害方组织的系统和数据环境信息，以及勒索软件操作员所希望收集的任何受害方信息，然后连接到攻击方的控制服务器。控制服务器或服务称为指挥与控制服务器(Command-and-Control Servers，C&C 或 C2 服务器)。C&C 服务器通常只是另一个等待主文件或勒索软件"机器人"连接其他服务器的恶意软件。C&C 服务器能托管在互联网上任何能够访问的位置，也经常偷偷运行在已沦陷设备上，以确保 C&C 软件网络的弹性。全球有很多用户抱怨设备运行太慢，却不知道设备上可能运行着成百上千的"拨号"主软件或勒索软件。勒索软件的研发人员通常会在互联网上的不同位置提供至少两种以上的 C&C 服务以实现冗余，但由于勒索方还会提供更多服务，因此勒索方需要更多额外的 C&C 服务器，这样一旦一台或多台 C&C 服务器由防病毒软件或安全人员清除后，还能保留一台冗余的 C&C 服务器存活并保持勒索团伙的控制权。

主程序首先要从C&C服务器请求何时何地发起攻击行动以及如何待命，直到主程序再次连接到 C&C 服务器。这是因为 C&C 服务每隔几小时或几天就会从一台主机转移到另一台主机，C&C 服务永远不会在一个地方停留太久。C&C 托管服务的 IP 地址也会随着 DNS 域名而变化。DNS 域名通常是有效期很短的动态 DNS 域名，DNS 域名有效期往往只有几小时或几天，然后就会过期。主恶意软件将向 C&C 服务器请求勒索方下次应该连接到哪个新的动态 DNS 域名。C&C 服务器通常有多个 DNS 域名，每个名称连接到一个或多个 IP 地址，并且一直在更改。勒索软件的动态域名防御策略导致防御方难以找到并关闭勒索软件的 C&C 服务器。安全人员通常会使用抓包器来检测源于自勒索软件的流量，主动建立连接，以了解 C&C 服务当前所在的位置以及下一个地址。

为预防安全人员轻松检测出勒索软件的流量，一半以上的恶意软件使用 TLS 加密技术，将勒索软件出站连接通过VPN连接到勒索团伙C&C服务器(见 Link 26)，这一比例随着时间的推移正在稳步上升。使用 TLS 加密技术导致勒索方的流量更难"嗅探"(即记录和审查)。

几乎所有的防火墙都允许端口 443 出站。在使用 TLS 连接到C&C 服务器的恶意软件中，勒索软件占 90%以上。因此，如果组织发现意外的 TLS 连接从组织设备上连接到互联网的陌生设备，那么调查一下也无妨。

如果勒索方不使用 TLS 连接，勒索方一般会伪装成允许出站的"无害"网络流量，如域名系统(DNS)。DNS 数据包具有非常标准的格式。恶意软件和勒索软件将创建虚假的 DNS 包，将恶意软件和勒索软件的命令插入虚假数据或 DNS 查找中，看起来像是发送到 DNS 服务器的常规 DNS 请求。任何看到虚假 DNS 流量并且不希望虚假 DNS 流量是由恶意软件创建的人员都很难快速看到非常可疑的东西，除非受害方组织自己打开 DNS 数据包并仔细查看细节。恶意软件或勒索软件也会使用常见端口，如 8080 和 1433(Microsoft SQL 数据库服务器端口)。

勒索软件的另一种伎俩就是使用普通且值得信赖的第三方产品或服务

来实施通信；例如，勒索软件可能使用 Google WorkSpaces、Google Docs、Amazon Workspaces、Telegram(见 Link 27)、Discord、Pastebin 等来通信或作为 C&C 服务器发挥作用，以避免源自受害方组织安全专家的嗅探和检测。

勒索软件研发人员通常使用大多数防火墙允许的网络端口或服务，并将恶意流量作为合法流量混入。使用第三方的应用程序或平台有一些额外的好处，就是默认情况下信息是加密的，而且大部分软件是健壮的、可扩展的，并且受大多数声誉过滤器的信任。反恶意软件的声誉过滤很难区分使用 Google Docs 或 Telegram 的合法用户和第三方的恶意软件。勒索软件研发人员不断创造出新的方式在机器人(自动程序)和运营方之间沟通。这种混淆视听的勒索软件尤其难以检测，并且有更高的成功率逃避检测。

1.3.4　自动升级

通常，勒索软件接下来要做的就是用新版本升级替换或下载一个或多个恶意软件。大多数勒索软件都不会被任何防病毒软件检测到，或者在如今 100 多个防病毒软件中可能最多有一款或两款能检测到勒索软件。

有趣的是，在 Roger 个人测试了两年多的所有勒索软件中，防病毒软件工具只将一个样本检测为恶意的，而这仅是其中一个防病毒软件检测到的(Roger 用来测试勒索软件样本的防病毒软件总数是 70 多个)。即使在这种情况下，Roger 也想运行勒索软件找出勒索软件做了什么以及连接到哪里，所以 Roger 决定执行勒索软件。在不到 15 秒钟的时间里，勒索软件不仅连接回自己的 C&C 服务器，还连接到另一个域上的另一组 C&C 服务器，下载了一个最新的自身副本，Roger 使用的任何扫描器(来自谷歌的 VirusTotal 网站)都没有检测到勒索软件是恶意的，并且勒索软件还在不同位置下载并安装了另外两款恶意软件，而 Roger 使用的任何防病毒软件都没有检测到，这简直太完美了。这就解释了为什么最新的防病毒软件能够防范绝大多数勒索软件，但是组织仍然会受到勒索软件攻击。Roger 经常听到防病毒软件供应方的统计数据说每年必须检测数亿款新的恶意软件，因此必须使用新的检测特征。即使每年检测到超过一亿款新的恶意软件，防病毒扫描人员仍无法及时跟进。

如果防病毒软件能够及时检测到勒索软件，勒索软件攻击事故就不会是今天的局面了。

勒索软件本身一直没有什么重大变化。勒索方通常只是使用了不同的加密密钥实施动态重新加密，导致每个副本都与上一个不同，至少在加密时是这样。随着不同的防病毒软件可更好地检测不同的副本，恶意软件将重新命名或重新排列子例程，并插入大量的随机垃圾代码导致检查和反汇编勒索软件更加困难。即便防病毒供应商发现那些"多态性"变化，随后勒索软件研发人员也能再次推出一个完全不同的新版本。Roger 因为勒索软件想起了打地鼠游戏。

如今，"存根文件"通常是一组脚本，例如 Microsoft 的 PowerShell 脚本。请参阅 Link 28 上的示例文章。这是因为脚本更容易修改，更难检测为恶意软件。对于常规可执行文件可以执行的任何操作(包括编译、下载和执行可执行应用程序)，恶意脚本几乎都能执行。大多数脚本在运行时会创建恶意可执行文件，基本上是使用脚本帮助恶意软件绕过防火墙或入侵检测系统。

主勒索软件会替换存根文件(如果使用)。存根文件的行为很像存根应用程序，对 C&C 服务器开展频繁检查，执行自动更新等。但存根文件的自动编码可能包括查找和窃取口令、查找和过滤特定类型的数据、使用网络口令移动到其他机器等。存根应用程序和非存根应用程序之间的关键区别在于，非存根应用程序存在时间更长久、容量更大且具有更多功能。

1.3.5　检查物理位置

绝大多数勒索软件在初始执行时就开始执行检查活动，以查看目标系统的语言版本。大多数恶意软件不想危害本国或盟友的系统和数据，那样做容易导致违法或政治问题。大多数勒索软件的研发团队都与所在国达成了不在本国或盟友的系统和数据中开展攻击的默契，以免感染自己国家的公民；再加上贿赂，没有执法部门或政府试图关闭勒索软件联盟。

如果勒索软件检测到本土语言，勒索软件将退出和/或自行删除。

> **网络犯罪避风港**
>
> 当恶意软件攻击特定国家时，敌对国家就会成为网络犯罪避风港。网络犯罪避风港是勒索软件大行其道以及勒索团伙经常逍遥法外的关键原因。

1.3.6　初始自动有效载荷

如果勒索软件需要自动启动一些功能，例如，加密文件或显示勒索通知，勒索软件通常都会在系统刚启动时自动执行。自动启动功能通常发生在恶意软件入侵后的最初几秒钟。Roger 见过存根文件闯入、允许自己继续访问、窃取口令，然后将口令发送给 C&C 服务器、更新自己、下载并安装新程序，再后开始加密文件，所有攻击行为能在 15 秒内完成。攻击载荷是一种自动代码，按照程序代码执行而不会花费很长时间。如果一个自动有效载荷没有启动，那么勒索软件就会等待时机，时不时唤醒自己然后与 C&C 服务器通信以获取其最新指令。

1.3.7　等待

在等待期间，许多勒索软件都采取了最长"隐匿"模式。勒索软件已经攻击了受害方，然后进入"静坐等待"模式。攻击方要么还了不了状况，要么忙于再开展另一场攻击，要么就是根本没时间查看受害方的环境。

1.3.8　攻击方检查 C&C 服务器

在某种程度上，如果勒索软件没有启动其最终的加密有效载荷事件(可能是在初始的攻击事件发生数小时到数年后)，则勒索软件所有方会检查 C&C 服务器，以查看恶意软件报告了什么。有时勒索方只有 IP 地址，勒索方必须自己做研究。有时勒索软件也会报告等待的本地域名，并上传有效载荷攻击软件找到的所有口令。此时，有效载荷会通知勒索方操作员参与进来帮助审查。勒索方可能会关注最新的受害方组织，重新查看整个列表，然后开始排列优先顺序，找出首先能够勒索的受害方。

勒索软件的管理控制台通常十分美观，在受害方组织的设备上作为小型服务器运行。除上述事项外，控制台通常会报告统计数据，例如，总体成功的攻击次数、破坏了哪些类型的计算机平台、受害方所在的国家、域名、可利用的漏洞(如果有)等。

1.3.9　更多可供使用的工具

自动引导和手工引导类勒索软件通常会将攻击方工具复制到受害方的设备上。勒索软件工具用于查询目标环境的更多信息，然后可在网络中横向传播到更多设备中，并搜索和过滤电子邮件、口令和数据。

常见的攻击方工具包括自定义脚本、自定义攻击方工具、商业攻击工具(如 Cobalt Strike、Metasploit、Mimikatz、Empire PowerShell Toolkit、Trick-bot 和 Microsoft Sysinternals 的 PsExec)。攻击方将关闭系统的防护措施、收集登录凭证、禁用任何找到的备份服务，同时会安装恶意软件和脚本。大多数勒索软件都在尽量少使用著名的攻击方工具，而多使用脚本，因为受害方组织很难停止脚本的运行，也很难将脚本检测为恶意。

1.3.10　侦察

勒索软件在已沦陷的设备上获得初始立足点后，立即开始加密数据。安全研究人员试图看看勒索方能在几小时内利用多少台设备并实施加密。有些浏览器允许攻击方访问环境并展开探索，即便这样可能也需要花费数天、数周、数月甚至数年时间来侦察新环境。勒索方先在系统的环境中徘徊，阅读电子邮件，查看应用程序和数据库，主要是想了解受害方的"皇冠"或痛点在哪里。勒索方要么想偷走皇冠上的明珠，要么想挖掘需要加密的数据的价值，以便获得最多的赎金。勒索方会持续监测高管的电子邮件，以了解高管最关心的是什么，报告结构是什么，组织赚了多少钱或有多少钱，甚至受害方是否有涵盖勒索软件的网络保险。如果组织购买网络保险，勒索方想知道免赔额和最高保险金额是多少。这种情况已经发生得够多了，勒索软件的防御方现在通常会告诉客户，确保这些客户的网络保险单不在勒索软件攻击方可找到的地方。攻击方通常会监测电子邮件中的关键词，如攻击方、恶意软件、勒索软件等，以便在任何人员开始注意到勒索方的活动时，勒索方自己就可先获得告警。

如果能够发现勒索机会，攻击方就会充分利用勒索机会。例如，勒索方可能会发现受害方公司的财务人员和另一家公司的财务人员之间的电子邮件。勒索方可能会利用这种信任关系来攻击公司的财务人员，或者发送已付款发票的虚假电汇通知。一旦有受害方组织人员参与攻击，勒索方可根据事故的发展随时调整方案，最大限度地增加潜在收益。

有些勒索团伙遭到收买，明确地将特定公司作为攻击目标或寻找某种类型的数据(例如，知识产权、方案，甚至大多数人认为不会寻求的东西，如贷款条款)。有时，攻击方可能为受害方的竞争对手工作，试图了解项目细节和成本。有时，攻击方也可能为某国政府执行窃取下一代隐形轰炸机的绝密工程方案的行动。

1.3.11 准备加密

在一个周期即将结束时，勒索软件或攻击方将使用一个或多个加密密钥定位并准备加密数据。如果勒索软件攻陷了多台设备，勒索方将尝试一次加密尽可能多的数据。有时，受害方组织运气好，能抓到第一台或前几台加密的设备，并能在设备遭到加密前关闭其余可能遭到勒索的设备。25%的勒索软件在启动加密或加密完成之前就中断了。这个数字似乎很高，因为很少知道有人能够在勒索软件启动前将设备中断。不过 Roger 确实听到成功中断勒索软件的故事。Roger 认为没有听到这么多的原因是如果勒索软件加密的过程受到阻止或中断，勒索软件就不会成为一个大事件，也就不需要支付赎金并将其报告为数据泄露。

如果多台设备受损，攻击方通常会使用多个加密密钥，每个设备或文件加密密钥都会不同。这主要是因为攻击方希望能够解锁至少一台设备或文件以控制勒索软件并拥有解密密钥。通过获得解密密钥，受害方也可确认攻击方确实能够解锁数据，这称为控制证明(Proof of Control)或解密证明(Proof of Decryption)。勒索团伙通常会要求支付少量赎金，"作为相互信任的证明"，攻击方会发送部分解密密钥。如果组织打算支付赎金获得解密密钥，这种安排对于双方都有利。受害方确保没有为无法解密的勒索软件付钱，勒索团伙则可在证明解密确实有效后，尝试收取更多赎金。在没有测试解密密钥有效之前，不需要支付全部赎金。

1.3.12　数据泄露

绝大多数勒索软件在加密前会拷贝数据(如数据库文件、口令、电子邮件等)。攻击方经常在深夜关闭数据库和电子邮件服务以便拷贝数据。观察服务在深夜意外关闭的迹象将是发现可疑情况的好方法。

窃取数据的攻击方通常会将数据复制到环境中的其他服务器，将其用作本地暂存服务器，收集大量(GB 级)存档文件(如 TAR、ZIP、GZIP、ARC 等)。在组织的网络环境里面发现很多意外、无法解释的大文件不是好兆头。攻击方通常会将文件复制到免费、共享的存储云或其他组织的受损设备上，这就意味着组织找到的大文件可能并不是自己的数据。

还有报道称勒索软件攻击方利用受害方的云备份窃取文件(见 Link 29)。一旦勒索方发现受害方有基于云的备份，很多时候勒索方会使用受害方自己的云来备份实例和凭证，然后将数据复制到攻击方控制的另一个物理位置，再删除受害方的备份。

无论数据泄露是如何实施的，重要的是要认识到如果组织受到勒索软件攻击，加密通常还不是组织需要面对的唯一问题，大多数勒索软件都会泄露数据。

1.3.13　加密数据

除了少数例外，大部分勒索软件都会实施加密活动。勒索软件会加密找到的所有文件和文件夹，类似 Cerber 和 Locky 的勒索软件只会搜索和加密特定类型的文档文件，而 Petya 这样的勒索软件只会加密引导文件和文件系统表，另外一些勒索软件寻找并加密存储在云端的文件，还有一些勒索软件只会加密本地文件。组织永远不知道自己会碰到哪一类勒索软件。

大多数勒索软件同时使用公开加密、非对称密钥加密(Asymmetric Key Encryption)和对称密钥加密(Symmetric Key Encryption)。非对称密钥加密用于加密执行所有文件加密的对称密钥(非常像一些设计精良的分布式加密软件)。加密过程如下：

(1) 勒索软件生成一个或多个非对称公钥或私钥(Public/Private key)对和一个或多个对称密钥。每个文件或设备可能有不同的对称密钥。

(2) 使用对称密钥加密数据，在加密完成后永久删除明文数据。大多数勒索软件会在加密的数据文件副本中添加可识别的文件扩展名。

(3) 使用非对称公钥加密对称密钥，然后删除明文版本。

(4) 非对称私钥将发送到勒索软件的密钥存储服务器(Key Storage Server)，等待进一步指示。[1]

不同勒索软件使用不同类型的加密方式，但勒索软件通常使用非常严谨、非常标准的加密技术。例如，Maze 勒索软件就使用带有 2048 位密钥的 RSA 或 ChaCha20，如果组织没有听说过 ChaCha20，请查阅 Link30。ChaCha20 是由著名的网络和数据安全教授 Daniel J. Bernstein 创建的一种设计精良的对称密码。Daniel 精通密码学技术，是世界上最好的密码学家之一。Daniel 没有为勒索软件创造 ChaCha20，但当勒索团伙看到 ChaCha20 后，他们意识到自己能够利用 ChaCha20 开展攻击。许多勒索软件还喜欢使用更流行的 AES 算法加密数据，但 ChaCha20 更强大，速度快很多倍。

拥有最快的加密速度非常重要。一旦勒索软件攻陷设备并开始加密文件，安全团队看到攻击状况并开始尝试阻止设备加密只是时间问题。勒索软件加密所有设备上数据的速度越快，对于勒索团伙而言就越有利。因此，勒

---

[1]译者注：密码技术是勒索软件防御体系中的重要组件，关于密码技术的详细内容，请参阅清华大学出版社出版的《CISSP 信息系统安全专家认证 All-in-One(第 9 版)》一书。

索团伙喜欢使用 ChaCha20，因为 ChaCha20 快速且强大。而 Petya 勒索软件使用了 ECDH 和 SALSA20，这是 Daniel 创建的另一种早期对称密码。

> 如果有人能够注意到早期的加密事件并记录发生的情况，就可关闭网络和可能受到攻击的其他设备，以最大限度地减少危害和横向传播的可能性。

1.3.14　提出敲诈诉求

所有勒索软件都会在已攻陷设备的周围留下小文本文件，用于显示屏幕消息或发送电子邮件。小文本文件可能是屏幕上显示勒索软件的通知或文本文件，也可能是一堆文本文件，每个文件夹和目录中都有一份文件，而且基本上都显示相同的消息。以下是涉及勒索软件的文件名示例：

- Locky 勒索软件显示 HELP_instructions.bmp 和 __HELP_instructions.html。
- Torrent 勒索软件会在加密文件后面添加.encryption 后缀，并留下一份名为 PLEASE_READ.txt 的文件。
- Dharma 勒索软件会在加密文件后面添加.onion 后缀，然后留下一个 FILES_ENCRYPTED.txt 文件。

Link 31 显示了各种勒索软件使用的数十个常见文件扩展名。

1.3.15　谈判

攻击方会告知受害方组织如何通过电子邮件、Skype 或其他通信方式联系勒索团伙。通常勒索团伙会在初始勒索通知中列出可识别的号码。通过可识别的号码帮助勒索团伙知道谁在联系自己，以及如何识别联系的受害方组织对应的加密公钥。有些勒索通知会显示必须支付的金额，通常以美元或比特币(BTC)计价，一般是固定金额。很多勒索软件不会在文本文件中直接提出勒索赎金，只是要求受害方组织与勒索团伙联系。只有联系到受害方组织时，勒索团伙才会提供一个数字，因为勒索方已经研究好能够从受害方组织得到多少赎金。通常，勒索通知会给出以"天"为单位的最后期限，以给受害方组织造成一种紧迫感。

大多数情况下，勒索团伙会高估希望从受害方组织获得的赎金金额。在计划付款的组织和用户中，受害方组织和用户可能支付第一笔要求的金额，而大多数组织和用户会试图协商更低的金额，受害方组织能支付的金额比勒索方想要得到的赎金少得多。原因是受害方组织是真的没有那么多钱用于支付赎金，还有些受害方组织则在虚张声势，有些受害方组织仅仅是因为自负或其他原因不会按要求支付赎金。大多数勒索团伙会重新考虑合理的赎金，并同意收取低于原始勒索赎金的款项。

Roger 看到过勒索团伙因受害方组织还价过低感到侮辱，反而增加了远远超过最初要求的勒索赎金。Roger 还见过勒索团伙告诉受害方组织，勒索团伙将不会提供解密密钥，并切断了所有联系。Roger 也曾看到勒索团伙继续针对受害方组织实施进一步攻击，并造成额外危害(如数据泄露、DDoS、威胁、向竞争对手发布数据的威胁等)。如果受害方组织不打算支付或提供低得离谱的还价，而勒索团伙拥有受害方组织的数据，勒索方就规划将受害方组织的数据发布给其他攻击方、暗网、竞争对手或公共互联网。在宣布数据外泄威胁后，勒索方会要求更高的赎金。Roger 曾看到勒索团伙在宣布数据外泄威胁后还要求将赎金翻倍的案例。通常也会就付款时间开展谈判。大多数勒索团伙都会多给几天时间。最初的谈判将确定赎金和支付方式的整体基调。

1.3.16 提供解密密钥

如果受害方组织支付了赎金，勒索团伙将提供一个或多个可用的解密密钥，以及如何使用密钥的说明；或者勒索方将提供自定义应用程序或脚本以及解密密钥。不管怎样，解密过程即使尽可能自动化，也不是一个容易完成的流程。即便双方都有诚意，但解密程序往往不起作用或效果不佳。Roger 经常看到统计数据显示，在为数据支付赎金的勒索软件受害方组织中，只有

10%到 25%的受害方组织实际拿回了所有数据。在至少获得数据的受害方组织之中，恢复的数据通常在 60%到 80%之间。不管怎样，数据恢复总是一团糟。勒索团伙并不是花费大量时间和精力调试和排除软件故障的超级专业研发团队。即使使用解密密钥，恢复数据也需要大量的工作。同样，解密密钥通常会分几批提供，首先是"测试版"，以证明勒索软件攻击方拥有解密密钥，并且解密密钥是有效的，然后在支付大部分赎金后提供其余解密密钥。

攻击方会及时更新网页，以便全世界都能够知道受害方组织、受害方组织失窃数据的情况以及受害方组织是否支付赎金。如果受害方组织支付了赎金，勒索团伙会将比特币转移到新地址，或者兑现比特币。受害方组织则还有许多工作需要完成，特别是数据恢复工作。Roger 将在第 7 章到第 10 章中更详细地介绍该过程。

1.4　勒索软件集团化

勒索软件缔造方的人员种类越来越多，在本节中，Roger 特别想介绍勒索软件攻击方的高管。因为勒索软件一经研发，都是独自在市场上推广，在很长一段时间里，一直都是这样。最后，一小群志同道合的恶意软件同伙开始在小型的非官方团伙中制造和分发勒索软件。直到 2013 年左右加密货币才开始赚钱；在此之前，勒索团伙也很难在不遭追踪和逮捕的情况下获得赎金。

然后比特币出现了，比特币处于加密货币的领导地位，于 2009 年 1 月推出。当时很少有人了解比特币的价值，勒索团伙也不了解。但在 2013 年 12 月，一款相当有影响力的早期勒索软件 CryptoLocker(见 Link 32)要求使用比特币支付 300 美元的赎金。很快 CryptoLocker 的缔造方就赚了数千万美元(见 Link 33)。这种行径成功培养了更多竞争对手，几年内，价值数亿美元的比特币支付给数十家不同的勒索软件供应方。

关于著名的勒索软件名称随时间变化的详细图片，请访问 Link 34。

专业化为勒索带来了巨大的财务成功，曾在黑帮中担任顶级玩家的人员，甚至是黑手党中"白手起家"的人员也开始运营勒索软件和恶意软件组织。不义之财的增加使得勒索团伙开始雇用真正的专家，有道德缺陷的程序研发人员、设计师、工程师和经理虽然一般会去合法公司工作，但上述人员也容易受高薪诱惑。勒索团伙变成勒索软件公司，拥有高管、经理、人力资源和薪酬体系。这在所有恶意软件缔造方身上都曾发生过，勒索软件能赚取大量金钱。盗取口令和信用卡信息的恶意软件 Trickbot 也在参与洗劫受害方组织。金钱，已经吸引了大量专业人士的关注。

Roger 还清楚地记得，网络和数据安全公司 Cyberwise 分析了当时最流行的特洛伊木马程序之一 Cerberus。通过分析不同的特洛伊木马，这家公司确定了 Cerberus 特洛伊木马的创建方用来支持 Cerberus 的网络基础架构细节。图 1.6 显示了 Cerberus 网络基础架构，来源于 Cyberwise 的分析(见 Link 35)。

Roger 第一次看到这张图时感到很惊讶，这不是一个少年在家里的地下室运行恶意软件。这是一位拥有大量资源的专业人士，设计了一套完全冗余、有弹性、经过深思熟虑的网络体系，拥有代理服务器、活动服务器、管理门户、客户服务、数据中心，甚至还有许可证的密钥验证。这是一位在设计和交付大规模冗余网络方面接受过技术培训的人员，完全能够走进任何一家大公司，申请 IT 主管职位。这名专业人士也可能在一家大型合法公司工作过，而且做得很好。当 Roger 看到这张图时，Roger 意识到，网络和数据安全专家面对的敌对方比大家在过去几十年中想象的要强大得多。

这一点在 2021 年 5 月得到证实，当时名为 Darkside 的勒索软件组织的领导方因袭击美国天然气管道供应方 Colonial Pipeline 而出现在新闻中。如前所述，Darkside 的发言代表在受害方组织的网站上发表了一个又一个声明(见 Link 36)，目的是应对意外影响以及由此产生的政治和情报机构反应。勒索软件研发人员致歉，表示正在采取措施，铲除使用"勒索软件即服务"平台的附属机构。尽管书面的英文声明中充斥着拼写错误，但这位发言人提到了公司首席执行官的周密安排。那时 Roger 意识到这是有道理的，因为大型勒索团伙比正规公司都更接近采用了公司结构。

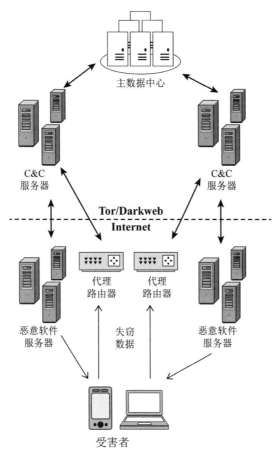

图 1.6   Cerberus 特洛伊木马网络逻辑图

　　Roger 还听到另一个勒索软件 CEO 在电台节目中接受采访，谈到的勒索软件公司的运作模式与微软一样。这位 CEO 显然为自己的产品感到自豪，吹嘘其功能、有竞争力的公司薪酬、易用性和稳定的客户。当记者问及另一个流行勒索团伙是否真的是从这位 CEO 的集团中孵化出来的时，这位 CEO 和所有政治家一样无视这个问题，然后表示自己欢迎竞争："竞争对大家都有好处！我们即将推出新版本！" 这位 CEO 继续说："我们感到满意，研发团队能够超越竞争对手，并持续扩大组织的客户基础。"

Roger 简直不敢相信所听到的，Roger 还以为自己在听一位微软高管回避有关苹果计算机及其不断增长的市场份额的问题。这一次，Roger 没有忘记，最大的勒索团伙的领导方都是专业的、类似公司的犯罪组织。勒索软件组织中的大部分成员本可在任何大型企业中担任高薪高管，但勒索团伙成员只是选择了犯罪来赚更多的金钱，或者勒索团伙成员缺乏合法的工作机会。很明显，这是非常糟糕的局面。Roger 不希望勒索团伙成员表现得像大型企业的专业人士，当勒索团伙成员在地下室喝酒时，受害方组织反而更容易与勒索团伙对抗。

1.5　勒索软件行业组成

当 Roger 说"勒索团伙像大型企业一样成熟"时，Roger 的意思是什么？嗯，除了勒索团伙拥有专业运营的组织、不同的部门、研发团队、高管、工资单等，Roger 真正谈论的是一种现代供应链结构。如今的勒索软件团伙只是整个基础架构的一部分。主要勒索软件团伙控制特定勒索软件的研发和许可。研发团队可能是内部或外部聘请的顾问，或两者兼而有之；有网络工作人员、授权人员、加密人员、Web 研发人员和技术支持人员。总体而言，主要勒索软件团伙创建勒索软件，为研发提供资金，并发布勒索软件供其附属机构和客户使用。附属机构和客户是指经过审查后，获准租用勒索软件并利用勒索软件攻击受害方组织的恶意团伙和人员。附属机构和客户将其非法所得的一定比例的赎金返还给主要勒索软件团伙。

也有一些勒索团伙获得了侵入受害方组织的初始立足点，然后在暗网论坛上出售访问权。购买了非法访问权的恶意组织和个人能够针对受害方组织为所欲为，可自行传播恶意软件。勒索方也可认为自己担任的角色是侵入受害方组织之后，将访问权限卖给出价更高的恶意攻击方。如果有恶意组织和个人想侵入受害方组织的系统和数据，则勒索方可能将访问权出售给该恶意组织和个人。大型受害方组织有更多的数据和资源可供掠夺，但也有更难突破的防御措施，这将导致购买非法访问权限的恶意组织和个人付出更大的代价。对于恶意组织和个人而言，购买访问权限是一种低风险、中等回报的服务。大多数情况下，贩卖访问权的团伙的单次收入远不如附属机构，但贩卖访问权的团伙试图在数量上弥补损失。

这也是许多勒索软件长时间隐匿自己的原因。最初入侵并抢占立足点的攻击方并不是最终利用立足点的人员。事实上，目前世界各地至少有上万家公司和组织受到威胁，恶意攻击方非法获得受害方组织的访问权并等待着出售给出价更高的勒索方，然而，对于背后的一切非法行径，受害方组织却并不知情。

最初入侵并抢占立足点的攻击方通过发送数十亿封社交工程攻击电子邮件，攻击网站以放置 Web 漏洞工具包，寻找未打补丁的软件，梳理暗网上的口令转储，以及针对 API 执行凭证填充攻击，来获得初始访问权限。有些攻击方什么也不做，只是将世界上最大的受害方组织的口令访问权卖给勒索软件的附属机构。在勒索行业中，大家将这类攻击方称为"前导情报方"。

> 勒索团伙会收买可信的内鬼，指示内鬼在受害方组织内部安装恶意软件。特斯拉曾发生过类似的攻击行为(见 Link 37)。对于每一次攻击而言，组织都能够打赌肯定还有心怀不满的员工接受了 100 万美元的贿赂，然后缄口了。

所有恶意软件缔造方开始相互竞争，试图最大化利润。主要勒索软件团伙也在不断创新产品、增加功能。主要勒索软件团伙还提供全天候技术支持，甚至提供后端比特币交换服务，帮助其他勒索团伙将加密货币转换为硬通货(当然是收费的)。

如果一名攻击者担心自己的非法比特币交易受到追踪，那么，主要勒索软件团伙也会为此提供收费服务。事实证明，比特币区块链(Bitcoin Block-Chain)能够跟踪每笔交易，能够精确地发送和接收十亿分之一美分。主要勒索软件团伙也充当比特币服务提供方，服务提供方唯一的任务是将比特币交易变得更加不透明，更难跟踪，只要请服务提供方将攻击方的比特币发送到比特币清算中心钱包地址即可。在比特币清算中心，主要勒索软件团伙将所有攻击方收集的比特币与其他人员收集的比特币混合在一起、切片、分别支付，然后将攻击方洗过的比特币发回另一边的其他比特币地址。除非执法部门能进入比特币洗钱方的数字钱包，否则将无法看到比特币的流向。比特币洗钱服务称为洗衣店(Laundries)或搅拌机(Mixers)。

有时，执法部门确实能够使用不方便透露的方式访问比特币钱包，联邦调查局也能够跟踪收益。例如，Colonial Pipeline 袭击案中，执法部门实际上收回了已支付的赎金(见 Link 38)。

甚至在线市场上也有不同勒索团伙、附属机构和服务提供方的博客和评论，有点类似于用户在亚马逊上看到的明星级客户评论。如果勒索软件缔造方得到低劣的、一星级的评论，勒索软件缔造方将提供更多的许可证，暂时降低附加费，或提供更多的技术支持，以挽留客户并扩大销售基数。

现在有形形色色的角色和组织参与传播勒索软件和收取赎金。有些人帮助行贿，有些人帮助逃税，有些人帮助给软件打补丁。还有帮助向人力资源部门请假的，有些人浏览在线简历，面试潜在的研发人员。这是一笔大生意。勒索软件团伙看起来更像一个多层次的营销公司，而不是拥有成千上万名员工的大型企业集团。最大的勒索集团是以数十名人员的量级来衡量的，但有100 个不同的勒索团伙和完整的竞争生态正从世界大部分地区窃取资金。勒索软件对于个别国家的经济、收入增长和税收至关重要；而且涉及如此多的金钱和人员，所有人都要分一杯羹。在垃圾邮件蠕虫和机器人(自动程序)横行的时代，网络犯罪已经变得更加专业化了。随着勒索软件的发展，勒索软件团伙演变成了公司。Roger 不认为有其他方式能够更好地形容勒索软件，勒索软件已经成为企业集团。

Roger 不想悲观地结束本章，但的确现实情况相当糟糕。勒索软件每年赚数十亿到数百亿美元，如果接下来政府执法机构、国际组织、安全专家们、受害方组织和个人依然漠视的话，预测勒索软件将在未来十年内造成数千亿美元的损失。

但也不是没有希望，大多数人们相信终将击败勒索软件。本书其余章节都致力于实现这一目标，从第 2 章开始，将告诉组织或个人能够开展哪些工作，以显著降低勒索软件攻击成功的风险。

1.6　小结

本章简要介绍了勒索软件行业、勒索软件行业的运作模式、问题的严重程度，以及勒索软件的不同类型和生命周期流程。第 2 章将讨论如何预防勒索软件。

第**2**章

预防勒索软件

预防应是所有防御方采取的主要缓解策略。本章重点介绍防御方如何在最初阶段就开始预防勒索软件获得访问权限。本章是全书最重要的一章。

2.1　十九分钟即可接管系统

一旦攻击方或恶意软件获得对设备或环境的初始"立足点"，则很难将损害降至最低。虽然预防勒索软件也是一项成本高昂的工作，但相对而言，预防勒索软件更容易实现、成本更低。

任何网络攻击中最难的环节都是对受害方组织最初的访问。之后，大多数攻击方能轻松地通过已攻陷的应用程序或设备入侵更多应用程序或设备。使用单台已攻陷设备作为"行动基地"以接管整个环境通常比攻陷原始设备要省力得多，而且不难实现。多项研究(见 Link 1)表明，有经验的攻击方能在短短 19 分钟内从一台已攻陷的设备横向侵入其他多台设备。

网络和数据安全防御方的主要关注点应是防止攻击方和恶意软件获得初始立足点。"做好备份"通常是关于勒索软件的首要也是唯一的"预防"建议。但备份不是预防措施，备份只能将损失降到最小。如果组织需要启用备份以挽救业务、数据和系统，就意味着组织预防勒索软件的控制措施是失败的，勒索软件已经攻陷了组织的环境。

　　勒索软件已经证明自己擅长在环境执行中绕过检测。一份调查报告(见 Link 2)显示，86% 的受害方安装了最新的防病毒检测产品。在其他研究中，有的防病毒和终端检测方案能较快地阻止勒索软件，但很明显，如果防病毒产品检测勒索软件的效果更好一些，那么现今的勒索软件事故就不会成为如此大的问题了。

　　勒索软件一旦执行，大部分勒索软件就会执行第 1 章中描述的所有步骤(如回拨、允许攻击方进入、数据泄露、登录凭证盗窃、加密、勒索等)。很明显，仅做好备份工作并不能挽救大多数受害方，而且备份也绝对不属于防御。预防意味着必须首先阻止勒索软件的成功执行。本章的其余部分将介绍如何防止勒索软件成功执行。本书将用足够多的篇幅介绍防御方的预防控制措施。

> **80%的勒索软件受害方可能遭受二次攻击**
> 主要原因是一次攻击之后，组织没有采取足够的措施预防二次攻击。

2.2　完善的通用计算机防御战略

　　任何防御方式至少应包含三种主要控制措施，不同类型的控制措施关注不同的目标。Roger 将其称为 3×3 安全控制措施支柱(如图 2.1 所示)，其他计算机防御框架通常使用更多的阶段和控制措施类型加以描述。这里尽量减少控制措施类型和目标，以便保持简洁。

　　控制措施分为三个主要阶段：预防、检测和恢复。预防控制措施是系统为防止恶意事件发生而采取的措施。在检测控制措施实施阶段，系统检测是否有威胁已成功通过所有预防控制措施，并获得对组织环境的未经授权访问。在这个阶段，组织应完成预警。如果无法阻止恶意事件的发生，那么最好的办法是提前预警，这样就能快速做出反应，从而最大限度地减少损失。在恢复控制措施实施阶段，组织能够采取一切手段，以快速从恶意事件中恢复，从而最大限度地减少停机时间和费用。

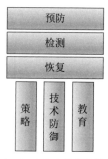

图 2.1 3×3 安全控制措施支柱

部分恢复控制措施会循环往复，不断更新，以预防同样的恶意事件再次发生。因为未使用正确的控制措施——在正确的地方以正确的方式应对恶意事件，导致恶意事件绕过了预防控制措施。有时，这是因为人员或事件没按规定执行预防控制措施。在现今的网络和数据安全领域中，从失败中汲取经验教训用于更新预防控制措施尤为重要。未能正确评估组织的故障并更新预防控制措施的受害方组织将面临更高风险。

第 6 章将介绍推荐的检测控制措施，第 7～11 章将介绍恢复规划和流程；本书用一章的篇幅专门介绍预防体系，五章的内容专门介绍恢复体系，使组织和安全专家知道哪类控制措施更容易实现。当人们告诉 Roger，很难完成勒索软件的预防工作时，Roger 的回答是："看看恢复工作有多难！"

再次强调，控制措施分为三种主要类型：预防、检测和恢复。每种类型的控制措施由三个部分组成：策略、技术防御和教育。策略是为最大限度降低风险而实施和传达的规则、法规或建议。例如，切勿将口令提供给索取口令的电子邮件，也不要执行恶意软件或打开未知电子邮件中的文档。切勿在不同的网站或服务中使用相同的口令。策略类似于教育，但有不同的侧重点和方法。

策略还包括工作程序（"做事的方式"）和标准（"必须做什么或必须使用什么"）。策略类似于"所有文件在传输过程中应使用行业认可的加密方式和密钥以实施加密技术"。工作程序（Procedure）包括为完成某项工作而应遵循的步骤，例如"在通过网络发送文件之前应如何加密文件"。标准(Standard)能够指导组织实现"使用 SHA-256 哈希的 TLS，RSA 非对称密钥为 2048 位或更长，AES 对称密钥为 256 位或更长，要加密通过网络发送的文件"之类的目标。

技术防御是有助于预防、检测、缓解或响应威胁和风险的工具。网络安全领域的技术防御包括防病毒软件、终端检测与响应(Endpoint Detection and Response，EDR)软件、防火墙、安全配置、内容过滤和反网络钓鱼过滤器等。

无论组织的策略和技术防御措施多么完善，还是会有一些恶意事件影响终端用户，终端用户必须自己面对，且需要学会如何处理。"教育"也称为安全意识宣贯培训(Security Awareness Training，SAT)，致力于教导终端用户在恶意事件发生时识别并加以处理，以最大限度地减少损失。理想情况下，教导终端用户报告恶意尝试事件并学会删除或忽略恶意事件。但历史表明，社交工程攻击将导致终端用户对恶意事件做出错误处理，这也是恶意软件能够成功攻击受害方的首要原因。

"深度防御(Defense in Depth)"的意思是每个系统都应尽量使用多重策略、技术措施和教育措施，尽可能创建最好的、分层的预防、检测和恢复控制措施。多重策略和组成用于降低控制措施单点失败的风险。通过从错误中不断学习可以创建最好的、深度防御的、分层的控制措施集合，能更好地预防勒索软件成功入侵。

2.3　理解勒索软件的攻击方式

为了更好地预防勒索软件在设备或环境中获得立足点，用户需要关注勒索软件如何获得初始立足点；在计算机安全领域，这称为分析漏洞利用的根本原因(Root-Cause Exploit)或初始漏洞利用的根本原因(Initial Root-Cause Exploit)。要预防勒索软件，组织应预防所有恶意攻击方和恶意软件，而理解勒索软件的特性将会有所帮助。本节将讨论勒索软件的攻击方式。

重申一下，为预防勒索软件，组织需要关注勒索软件如何攻击才最有可能获得最初的立足点，勒索软件最初是如何访问设备和环境的。勒索攻击只是真正问题的结果而已。设想所有勒索软件都神奇地消失了，瞬间消失了，永远不再出现。但如果允许勒索软件进入系统或环境的根本原因继续存在，其他类型的攻击方和恶意软件将继续攻击受害方。攻击方或许无法使用勒索软件，但能使用特洛伊木马、计算机病毒、后门木马、键盘记录器等完成想要完成的每一个恶意事件。勒索软件的出现表明勒索软件已成功利用了组织的安全漏洞。为阻止所有恶意软件、攻击方和勒索软件，用户需要清晰地掌握恶意软件、攻击方和勒索软件侵入设备和环境的方式并修复相应的安全漏洞。

2.3.1　所有攻击方和恶意软件使用的九种漏洞利用方法

基本上，所有攻击方和恶意软件都采用以下九种基础攻击方法来攻击设备或环境：

- 利用代码编写漏洞(补丁可用或不可用)
- 社交工程攻击
- 身份验证攻击
- 人为错误/配置错误
- 窃听/中间人(Man-in-the-Middle，MitM)攻击
- 数据/网络流量畸形
- 内鬼攻击(Malicious Insider Attack，MIA)
- 第三方依赖问题，如供应链、供应方、合作伙伴、水坑攻击等[1]
- 物理攻击

也可能出现一些新的攻击向量；新的攻击向量未在这里表示，并且目

---

[1]译者注：水坑攻击是一种网络攻击方法，源于自然界的捕食方式，即捕食方守候在水面下，伏击来饮水的动物，提高捕食成功率。攻击方会通过前期调查或各种社交工程攻击，确定受害方(往往是特定群体)经常访问的网站，并在网站上部署恶意软件，当受害方访问部署了恶意软件的网站时，受害方的计算机将感染病毒。

前没有缓解措施。目前,这九种基础攻击方法已经描述了每个已知攻击方和恶意软件攻击所利用的攻击方法的根本原因。为对抗恶意攻击方和恶意软件,网络和数据安全防御方需要缓解(Mitigate)所有攻击方法的根本原因,首先关注最可能受到利用的方法。

2.3.2　恶意攻击最常用的方法

自从计算机问世以来,大多数设备和组织的数据泄露事故只有两个根本原因:社交工程攻击(Social Engineering Attacking,SEA)和未打补丁的软件。虽然还有各种其他恶意软件和攻击方法在几年内变得流行(如引导病毒、USB 密钥感染等),但纵观过去三十多年的时间,社交工程攻击和未打补丁的软件一直是最受欢迎或次受欢迎的漏洞利用方法。

事实上,在数百篇以前的文章和白皮书中,都提到社交工程攻击和针对未打补丁软件的攻击是最常见的,包括以下示例:

- 70%~90%的恶意违规行为基于社交工程攻击和网络钓鱼攻击(见 Link 3a)
- CyberheistNews 的"网络钓鱼仍然是最常见的攻击形式"(见 Link 3b)
- 使用威胁情报构建数据驱动型防御(见 Link 4)
- 2021 年数据泄露调查报告 (Data Breach Investigations Report,DBIR),见 Link 5

每个组织都会因专注于制止社交工程攻击和网络钓鱼攻击而受益,这样做可最有效地降低全局网络安全风险。

2.3.3　勒索攻击最常用的方法

勒索软件利用漏洞的方法与所有恶意软件利用漏洞的方法相似,但也存在一些偏差。为确定勒索软件攻击的最常见根本原因,Roger 查看了尽可能多的报告、新闻文章和博客,分析勒索软件在成功的攻击中使用的方法。Roger 查阅了三十多篇报道、近百篇新闻文章和数十篇博客文章,下面是一些来源示例。

- Coveware 博客(见 Link 6)
- Statista (见 Link 7)
- 《福布斯》杂志(见 Link 8)
- Datto 的全球渠道勒索软件状况报告(见 Link 9)
- Hiscox Cyber Readiness 报告 2021 版(见 Link 10)

大多数来源只是简单说明了勒索软件漏洞利用的主要原因,但没有给出确切比例。几乎所有报告都将社交工程攻击、未打补丁的软件和口令问题列为勒索软件漏洞利用的根本原因,但没有列出排名。幸运的是,有些研究报告做到了。表 2.1 列出的报表提供了具体数据,列出了勒索软件漏洞利用的比例或特定排名。

表 2.1 勒索软件漏洞利用报告

报告 名称	社交 工程 攻击	远程 桌面 协议 (RDP)	未打 补丁的 软件	口令 猜测	凭证 盗窃	远程 服务器 攻击	第三方	通用串 行总线 (Universal Serial Bus, USB)	其他
Coveware 博客	30%	45%	18%	—	—	—	—	—	5%
Statisca	54%	20%	—	—	10%	—	—	—	—
《福布斯》 杂志	第 1	第 3	第 2	—	—	—	—	—	—
Datto 的全球渠 道勒索软件状 况报告	54%	20%	—	21%	10%	—	—	—	—
Hiscox 网络 安全准备 报告	65%	—	28%	19%	39%	—	34%	—	—
Sophos 报告	45%	9%	—	—	—	21%	9%	7%	9%
平均值	50%	24%	23%	20%	20%	21%	22%	7%	7%

在调查客户或受害方时,不同供应方之间缺乏统一的标准。不同的供

应方使用不同的属性名称，包括类别的差异，某一类别可能出现在另一个供应方的不同类别中。

RDP 攻击是一个很好的实例。RDP 是指 Microsoft 的远程桌面协议，是用户和管理员远程连接到 Microsoft Windows 计算机的主要内置方法。有些勒索软件通常会连接到远程登录门户(如 RDP)执行口令猜测攻击。勒索软件还经常检测和利用易受攻击的、未打补丁的 RDP 服务器和客户端。一家供应方将检测和利用未打补丁的 RDP 服务器和客户端归类为针对未打补丁软件的攻击，而另一家供应方则可能将其称为 RDP 攻击。同样，有的供应方(如 Coveware 和 Statista)可能将针对 RDP 门户的口令猜测称为 RDP 攻击，而有的供应方(如 Hiscox)可能只将其归类为"口令猜测"，还有的供应方(如 Datto)将其分成单独的 RDP 和"口令猜测"两类。

如果组织决定从"上游"了解攻击最初是如何发生的，那么数据分析就会变得更混乱。例如，大多数凭证盗窃都是基于社交工程攻击发生的(Link11)。有 60%的报告特别指明"凭证盗窃(Credential Theft)"是勒索软件用来危害受害方的一种方法，但没有说明凭证盗窃最初是如何发生的。凭证盗窃本身可能是攻击的结果，而不是攻击的根本原因。如果凭证盗窃按照根本原因细分，则上面列出的社会工程攻击所占的比例将更大。

此外，有些供应方还讨论了其他攻击方法，如 USB 密钥。一家供应方的报告称，高达 8%的勒索软件攻击可能涉及 USB 密钥攻击。而其他供应方甚至没有提及 USB 密钥攻击是勒索软件使用的一种潜在方法。只是将其归纳为一种临时方法。

有的供应方将内部威胁列为勒索软件取得成功的根本原因，因为受信任的内部人员要么接受贿赂安装勒索软件，要么是植入勒索软件的勒索团伙成员之一。有法庭证实的报告称，受信任的内部人员安装勒索软件的贿赂金通常高达 100 万美元。安全专家可在 Link 12 找到一个涉及特斯拉的实例。

但总体而言，大多数勒索软件攻击都涉及三种攻击方法：社交工程攻击、针对未打补丁软件的攻击以及 RDP(或口令猜测)攻击。

2.4　预防勒索软件

有三种防御方式比其他防御方式更能有效防止所有恶意攻击方、恶意软件和勒索软件。本章将首先讨论这些内容，然后讨论其他内容。

2.4.1　主要防御措施

纵览所有报告，无论报告中是否报告了具体比例，能够肯定地说，社交工程攻击是最一致的根本原因。除了 Coveware 报告外，所有研究报告都将社交工程攻击列为勒索软件成功利用的首要原因。即使是 Coveware 报告，也将社交工程攻击列为某些时期事故的主要原因。大多数报告将结果和根本原因混在一起，社交工程攻击的占比甚至高于直接报告为勒索软件攻击的比例。用户或组织应通过尽可能有效的方式(如策略、技术防御措施和教育)来缓解社交工程攻击(Social Engineering Attacking，SEA)。

预防社交工程攻击的最佳方法是讲授潜在的受害方如何能发现不同类型的骗局以及如何处理。发现骗局的主要部分是传授组织如何识别攻击方用于诱骗用户单击恶意链接的流氓 URL。组织应告知用户在单击之前将光标"悬停"在 URL 链接上，以确认 URL 链接是合法的，这对于击败社交工程攻击大有帮助。组织还应对未知的电子邮件持怀疑态度，如果电子邮件包含未知的文件附件或链接则更应提防。组织能够采取多项其他措施降低社交工程攻击的风险，但向用户宣传如何阅读 URL 仍是最好的方法之一。一般而言，强大的安全意识宣贯培训(Security Awareness Training Program，SAT)计划是组织用于击败攻击方和恶意软件的最佳防御方式之一。

> **全面的"反网络钓鱼"电子书**
>
> Roger 为其雇主 KnowBe4 公司准备了一本全面的电子书，其中涵盖了 Roger 所能想到的缓解社交工程攻击的所有内容。这本书是《KnowBe4 的综合反网络钓鱼指南》，可在 Link 13 找到。

未打补丁的软件是所有恶意软件取得成功的第二大根本原因，但在勒索软件领域，位列根本原因的第三位(甚至更低)。这可能是由于几个针对微软 RDP 的勒索软件团伙的参与程度高于正常水平。

所有组织都应尽量确保 RDP 和所有登录门户(包括允许登录的 Internet 可访问 API)的安全水平。这意味着尽可能要求使用多因素身份验证(Multi-factor Authentication，MFA)；在使用口令的地方，口令复杂且位数较长(长度至少八个字符，还有一些非字母字符)。应在所有登录门户和 API 上启用账户锁定策略。登录失败次数过多之后，用于登录的用户账户应自动禁用，直到管理员调查清楚情况后，用户才有权解锁。

多项指南都不建议从 Internet 访问 RDP 和其他远程访问工具。指南要求使用 VPN 访问登录门户。强化口令强度和账户锁定策略也是可以接受的。此建议适用于登录门户或 API。此外，Microsoft 允许 RDP 受数字证书保护。未安装已授权和受信任的数字证书的攻击方无法尝试登录 RDP，这是 RDP 连接已经使用了几十年的、成功的预防控制措施。在 Link14 中有所提及。

所有设备和组织都应及时安装全部应用程序补丁。大多数指南表示在 30 天内安装全部关键安全补丁是可以满足时限要求的。所有的关键安全补丁都应在供应方发布后的一周内安装，当然，组织应确保在生产环境全面部署前完成相应的测试工作。

所有组织都应尽量做到 100%合规，及时为最可能受到攻击方、恶意软件和勒索软件攻击的软件安装补丁。常见软件包括操作系统、浏览器、浏览器插件、Microsoft RDP、Web 服务器、管理门户、数据库程序和服务器端 VPN 软件。勒索软件团伙尤其关注后面几项。

显然，所有想要最大限度降低网络安全风险的组织都应缓解社交工程攻击和未打补丁的软件风险。想要特别缓解勒索软件的组织应关注这两种缓解措施，并添加针对 RDP 和口令猜测攻击的缓解措施，在修复前，三个措施之间应有一个优先顺序。

总结起来，排名前三的勒索软件预防措施如下：

- 首要的也是最好的措施是缓解社交工程攻击

- 使用 MFA 或强口令策略保护登录门户和 API，并启用账户锁定
- 及时修复关键安全补丁

2.4.2 其他预防措施

完成部署这三项预防控制措施后，防御方也应采取多项其他措施以挫败恶意攻击方、恶意软件和勒索软件的攻击。Roger 根据不同方式降低网络安全风险的有效程度，按从高到低的顺序列出(在前面列出的前三项防御控制措施之后)。

- 使用应用程序控制措施
- 防病毒预防措施/EDR
- 安全配置
- 特权账户管理
- 安全边界划分
- 禁用 USB 密钥
- 使用外语

对于检测(Detection)和破坏控制措施(Damage Control)更有用的其他控制方法将在后续章节中介绍。

1. 使用应用程序控制软件

在强制模式下使用应用程序控制软件是个人或组织能够采取的最大的防御缓解措施，以阻止所有恶意攻击方、恶意软件和勒索软件。虽然大多数组织和个人无法完全落实，但业界还是将其列为主要防御措施。因为应用程序控制软件能显著减少恶意攻击和降低横向传播的能力。此外，所有组织都可将仅处于持续监测/审计模式下的应用程序控制软件作为强大的检测控制措施予以部署，第 6 章中将详细介绍。

应用程序控制软件已经诞生了几十年，也称为黑名单和白名单应用程序。描述这些模式的更好方法是阻止/拒绝模式(即黑名单)和允许模式(即

白名单)。白名单模式下的应用程序控制软件只允许执行预定义、预先批准的应用程序和脚本。通过拒绝未经预先批准的内容，默认情况下能拒绝所有勒索软件的执行(除非勒索软件能绕过白名单检测)。

应用程序控制软件使用拒绝/阻止列表(Deny/Block Listing)预防特定软件或脚本运行。阻止列表最初是为组织提供尽可能多的自由，同时，确保击败已知的恶意软件。当网络世界只有几十或几百个恶意软件时，这是有效的。但随着人们每年创建和检测到数亿个新的恶意软件，拒绝列表仅在紧急模式下使用，并且大多数已成为过去，或仅在需要立即缓解特定的不良程序时在紧急模式下使用。

Flu-Shot 应用程序控制软件

Roger 还记得第一款应用程序控制软件叫做 Flu-Shot！是 Ross Greenberg 在 20 世纪 80 年代后期编写的。Ross Greenberg 的应用程序控制软件和同名书在很大程度上激发了 Roger 对抗恶意攻击方和恶意软件的兴趣。1992 年发布的一款名为 Tripwire(见 Link 15)的产品成为第一套广泛普及的应用程序。

如今，业界已经有几十款应用程序控制软件。Microsoft 在企业版 Microsoft Windows 中内置了两款：AppLocker 和 Windows Defender Application Control。图 2.2 显示了 AppLocker 的配置示例。

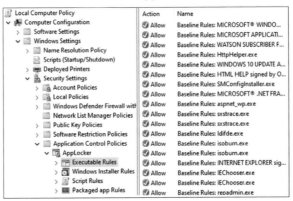

图 2.2　Microsoft AppLocker 配置示例

多家计算机安全供应方都有应用程序控制软件或功能集，包括 McAfee、TrendMicro、Symantec、Beyond Trust、Carbon Black、Tripwire、Cisco 和 Ivanti。

无论是什么原因，所有组织和个人都应在白名单执行模式下部署应用程序控制软件。这样做能够预防大多数恶意攻击方攻击、恶意软件和勒索软件。不幸的是，大多数用户和组织并不希望自己的计算机和设备锁定为仅使用预先获得批准的软件，用户认为这是对个人自由、创造力和生产力的冒犯。组织担心在强制执行模式下会降低生产力和创造力。阻止用户运行其想要(甚至不想要)的任意一款程序和脚本，都可能降低执行速度或用户生产效率。但更强的计算机安全水平需要这类控制措施和权衡。然而，大部分组织缺乏正确实施应用程序控制软件的技术专长或时间。

如果启用了白名单强制执行模式，所涉及的组织应积极响应报告的问题和新软件批准请求。然而大多数试图使用允许清单的应用程序控制软件在运行时都遇到了问题或是失败。在现实中，新的合法软件的批准可能需要数周到数月的时间。这种延迟审批基本上会扼杀大多数用户对白名单模式的认可程度；只有用户认可，组织才可能最终接受。但是，如果能够实现白名单执行模式，应用程序控制软件将最大限度地防御大多数恶意攻击方和恶意软件，包括勒索软件。正是因为大多数组织和个人无法大范围部署或实施白名单模式，所以应采取所有其他防御措施。这也是过去三十年间的主要安全难题之一。

> 即使强制模式下的应用程序控制软件无法阻止所有恶意攻击，也能显著降低攻击成功和横向移动的风险。

2. 防病毒预防措施

即使只有 50%～85%的勒索软件受害方拥有最新的防病毒或 EDR 解决方案(以及其他相关类型的防御措施)，这些防御措施也成功地阻止或缓解了一些勒索软件攻击，此解决方案必须包含在任何组织的防御措施中。

在数百万个案例中，防病毒预防措施(或其他相关类型的计算机安全防御措施)确实能够阻止勒索软件的最初执行，或者在勒索软件最初执行后不久就将其捕获。没有安全控制措施是完美的。最新的防病毒或 EDR 防御措施应在每台易受勒索软件攻击的设备运行。但是，组织万万不能完全依赖于防御控制措施，否则，这将是大多数潜在勒索软件受害方演变为真正勒索软件受害方的原因。

3. 安全配置

所有设备、服务和应用程序都应充分控制配置的安全风险。默认情况下，大多数操作系统、服务和应用程序本身还是相当安全的。但是，管理员和用户往往以不安全的方式使用产品或设置不安全的配置。例如，管理员意外授予机密文件和文件夹过于宽松的权限。许多勒索软件攻击事件的发生，是因为勒索软件缔造方发现了一个过于宽松的站点或存储区域，然后利用漏洞植入和执行勒索软件。所有文件、文件夹、服务和站点权限都应是"最小化的"。这意味着组织应始终只为每个用户、计算机和服务配置具有最小潜在危险的权限——这是执行任务或角色所需的最低限度。

使用过于宽松的安全环境和组成员身份(例如，管理员和 root)运行用户、服务和应用程序也很常见。在这种过于宽松的安全环境中运行的恶意软件或服务，能获得同样宽松的权限和特权，从而更容易、更快地入侵和传播。所有用户都应该根据各自的身份获取工作所需的最小权限。所有服务和应用程序都应在最小细粒度的安全环境中运行。

4. 特权账户管理

同样，组织应尽量减少特权组和用户的数量，以降低恶意攻击方控制高特权账户的风险。所有攻击方和大多数恶意软件总是希望在已攻陷的系统中使用最高特权组和账户的安全特权和权限。

任何时候，所有具有高度特权的团体都应尽量减少永久成员的数量。组织应基于真实需要，在特定任务的基础上、在有限的时间内添加成员。Roger 曾服务的 Microsoft 公司将临时添加成员的操作称为即时特权账户管理。

有许多应用程序的功能支持组织实施特权账户管理(Privileged Account Management，PAM)。PAM 程序支持对特权组和用户进行安全有效的管理，以降低安全风险。有些 PAM 程序支持基于需要"签出(Checked Out)"特权组成员(或特权)。组织应调查特权组或成员的所有意外使用记录，直至问题解决。

5. 安全边界隔离

"最小权限(Least Privilege Permission)"建议适用于所有安全和网络边界。两个安全边界之间的任何"障碍"会降低一方受到攻击和入侵的风险。安全边界能在物理上和逻辑上强制执行。安全边界划分通常由软件和设备提供，包括防火墙、路由器、交换机、VLAN 和软件定义网络(Software-Defined Network)。

不同的安全边界不应使用相同的登录凭证。凭证重用(Credential Reuse)增加了突破安全边界的概率。一般而言，随着时间的推移，安全边界隔离正在逐渐失去吸引力，转而支持"零信任(Zero Trust)"防御，但毫无疑问，如果管理得当，单独的安全边界能够提供更显著的收益[1]。

> **零信任**
> 零信任是一种网络安全防御机制，本质上说安全边界并不特别有效。相反，将每个用户和请求视为不受信任的，并查看用户(或计算机、服务、连接)正在执行的全部操作以确定意图。要进一步了解零信任技术，请参阅 Link16。

6. 数据保护

有多种方法能够保护和封装数据，增加攻击方窃取数据的难度。大多数组织在防止未授权攻击方复制和窃取大量数据方面表现不佳。攻击方一

---

[1]译者注：零信任技术是勒索软件防御体系中的重要组件，有关于零信任的相关内容，请参考清华大学出版社的《零信任安全架构设计与实现》一书。

旦获得对环境的访问权限，就能将内容复制到任何地方。攻击方可能需要暂时停止数据库或电子邮件引擎才能这样做，但不幸的是，将数千 MB 信息复制到其他地方太容易了，而且往往没有引发任何警告。

防御方能够做的最具保护性的工作之一就是令所有相关方(无论攻击或防御意图)都难以在未授权场景下复制大量数据。一种方法是加密数据，帮助数据无法以未加密状态复制到所在系统之外。另一种方法是将数据保存在高度安全的"飞地"中，所有其他系统在任何时候都只能请求有限的数据视图(Data View)；在数据保护或数据防泄露系统中比较常见。虽然组织无法阻止恶意软件进入环境，但能使恶意软件更难访问和窃取机密数据。

7. 禁用 USB 密钥

少数勒索软件通过 U 盘上传到环境中。组织禁用 USB 访问能够降低恶意软件攻击的风险。理想情况下，如果允许，组织最好使用白名单强制执行而不是完全阻止。

8. 使用外语

有些专家建议在操作系统(通常是 Microsoft Windows)中启用一种通常避免使用的语言，因为这样做会显著降低勒索软件继续执行的风险。网络安全记者和畅销书作家 Brian Krebs 在 Link 17 介绍了这种推荐的防御措施。

有大量证据表明，启用一种常用外语(勒索方的母语)检测功能能够阻止多种基于该外语的勒索软件应用程序运行。因此，如果能够轻松快速地启用该外语检测功能，这可能是组织愿意开展的工作。

所有组织和个人都应实施这些预防控制措施，从打击社交工程攻击和网络钓鱼、防止口令攻击和更好地打补丁开始。同时，应考虑其他推荐的预防控制措施。

CISA 勒索软件准备评估工具

美国网络安全基础架构安全局(Cybersecurity Infrastructure Security Agency，CISA)有一款免费勒索软件准备评估工具(见 Link 18)，所有组织都能使用。本质上是一份保护控制措施的自评估清单，任何防御方都可使用这份清单保护自身免受勒索软件的侵害。

2.5　超越自卫

长期以来，网络安全行业的人员都不会对以前的建议感到惊讶。超越自卫(Beyond Self-Defense)是几十年来一直向大家推荐的安全控制措施(如果用户在网络安全行业工作的时间足够长的话)[1]。每个计算机安全监管指南(例如，HIPAA、SOX、NERC 或 PCI-DSS 等)只要存在就一直在做相同的推荐。仅靠组织和个人的努力想要击败勒索软件是不够的。潜在的地缘政治环境和互联网的低安全水平让恶意攻击方和恶意软件逍遥法外。人们需要的不仅仅是组织和个人的控制措施，更需要地缘政治解决方案和更安全的互联网。

地缘政治解决方案

有几种地缘政治解决方案可显著降低勒索软件的威胁。

1. 国际合作与执法

大多数勒索软件要么来自于网络犯罪避风港，要么得益于多个国家之间缺乏法律司法合作。恶意攻击方及其恶意软件的滋生是因为无法识别犯罪方；即使识别到犯罪方，也几乎从未起诉成功。对于网络犯罪分子而言，这一切都是收益，几乎是零风险。哪些犯罪分子不会利用这些条件？犯罪分子抢劫一家真正的银行，将大概率面临被捕入狱。而犯罪分子抢劫网上银行，将获得更多的钱，反而很少可能入狱。在调查网络犯罪、起诉和逮

---

[1]译者注：Beyond Self-Defense，是指在组织和个人面对威胁或危险时，不仅仅是采取自卫行动，而是采取更进一步的行动来解决问题或响应恶意挑战。

捕网络犯罪分子时，各个国家之间需要消除网络安全庇护所，并建立最低水平的跨国司法管辖权区域合作。

个别国家似乎不仅容忍勒索软件，而且鼓励利用勒索软件谋利。只要敌对国允许甚至鼓励网络犯罪，各个国家之间就难以阻止网络犯罪。

为阻止跨国的网络犯罪，需要政治家们一致同意制定全球网络安全框架，并且各国同意接受新规则。然而很难促成这么多国家就一件事情达成共识。有时，一个家庭都很难在所有事情上达成一致，更不用说整个世界和问题各方面的利益相关方了。但是，的确有些组织和个人正在尝试达成共识。

例如，联合国(UN)六年来一直致力于制定一套全球性的、商定的网络安全和网络战标准，而在此之前的几十年里，还尝试执行其他全球性协议。联合国通过了一些决议。2021 年 3 月 10 日，发布了第一份关于全球网络和数据安全建议的报告(见 Link 19)，数字日内瓦公约(Digital Geneva Convention)。数字日内瓦公约提升和肯定了国际法在网络空间的权威性和负责任的行为准则，设定了对负责任的国家网络行为的期望，并讨论了所有国家提高网络韧性(Resilience)的必要性。很多重要国家都表示反对，但法国和其他国家也提出一些解决办法(见 Link 20)。总之，各国之间更接近于就网络方面应该和不应该容忍什么一事达成全球协议。

联合国还将就数字犯罪证据规则，以及不同国家将如何接受和执行传票，并要求逮捕其他国家的嫌疑人达成全球协议。联合国还可能需要对作为网络犯罪分子避风港的主要国家做出广泛的全球谴责。联合国应促使各国采取必要措施以帮助网络活动变得更安全，而不是令组织或个人备感痛苦。

2. 协同技术防御

新成立的美国勒索软件工作组(US Ransomware Task Force)的报告题为"打击勒索软件的全面行动框架: 勒索软件工作组的主要建议"(见 Link 21)列出了建议美国政府为了对抗勒索软件而采取的 48 项单独行动。

其中，多项建议都要求建立一个集中的、协调的、政府/私人赞助的组织直接打击勒索软件。建议包括采取如下诸多行动:

- 建立跨情报机构工作组和团队打击勒索软件
- 将勒索软件纳入国家安全威胁范畴(这是在报告发布后提出的)
- 建立国际联盟打击勒索软件犯罪分子
- 创建全球勒索软件调查中心网络

3. 截断货币供应

勒索软件工作组的报告还建议中断勒索软件团伙乐于使用的加密货币的供应体系。报告明确地将勒索软件支付和加密货币使用的网络安全保险覆盖范围的增加与勒索软件事故次数及每次事故成本的增加关联起来。工作组建议大幅削弱受害方支付赎金和勒索软件团伙收取赎金的能力。报告称,仅 199 个比特币地址就占 2020 年发送的所有勒索软件付款的 80%。通过中断支付赎金,可能会减少勒索软件团伙的犯罪。

4. 加固互联网

但如果组织想要真正从所有网络犯罪来源显著降低网络安全风险,包括勒索软件,则应坚决"加固"互联网。也就是说,促使互联网成为对设备和人员而言更安全的环境。这不是一项小任务。在可接受的时间段内,大多数组织和安全专家认为这是一项不太可能完成的任务,至少十年内几乎不可能完成。

有些组织和个人可能会提出疑问,为什么互联网还没有变得更安全?互联网带来了若干主要风险,包括前面讨论的无法成功起诉大多数攻击方的事实。还有其他常见挑战,包括:

- 互联网在创建时并未考虑安全问题,以后再增加安全控制措施永远不会是最佳选择。
- 互联网是如此庞大,即使用户都 100%同意加固并且想要去加固互联网,改变也将是一项巨大的、耗时多年的工作。
- 多个大型团体(从隐私权倡导方再到执法部门)反对以可能需要的方式帮助互联网变得更加安全。

- 大多数人认为迄今为止的"痛苦(指安全问题)"是可以接受的,将其等同于在现实世界中的犯罪,并且不希望改变。
- 难以获得全球共识。就像更好地保护互联网所需要的那样,如果没有一场灾难性的崩溃、"临界点(Tip-ping Point)"般的事故,想要将所有用户聚集在一起加固互联网,几乎不太可能。Link 22 更详细地讨论了互联网不安全的原因。

因为没有技术或诀窍,大多数用户认为无法使互联网变得更加安全。这不是一个技术问题,而是一个社会问题:如何促使所有用户聚集在一起并同意加固,然后就如何实现加固目标达成一致?

在职业生涯中,Roger 写过很多篇关于如何加固互联网的文章,包括几份白皮书、数十篇文章,甚至在顶级大学论坛上对这些想法开展学术辩论。有很多方法可更好地保护 Internet。方法不是唯一的,这里是相关建议的摘要:

- 使用类似现有 Internet 的连接和节点构建第二个可选的、更安全的 Internet 版本(原始 Internet 继续对于那些想要使用 Internet 的用户畅通无阻)。在新的、更安全的 Internet 版本上部署。
- 用户、设备和网络流量的默认、普遍、强身份验证模式取代当前互联网普遍的默认匿名访问模式。
- 所有用户、设备、网络和服务都可建立自己愿意接受的最低水平、有保证的身份验证体系。
- 一种集中的、类 DNS 的服务,用于动态收集和报告原始恶意软件。
- 全部基于开放式标准和协议。

提案中描述的这个新的、更安全的互联网不会阻止想要保持完全匿名的人士继续匿名。事实上,新的互联网允许用户选择想要的身份验证等级,从完全匿名到对每个不同服务和连接的真实身份的强身份验证。患者在与癌症支持小组交谈时,希望保持匿名,但用户只有通过强身份验证才能从银行提款。一些服务可迎合那些希望绝对匿名的用户,而另一些服务可迎合那些并不希望完全匿名的组织。而且,如果某组织的设备受到入侵并正在发送恶意软件,整个世界都会知道,并能做出相应的反应,采取想要的行动。当净化了设备并再次安全地使用设备时，世界也会知道这一点。

　　一个更安全的互联网可由各个团体(如 IETF、ICANN、W3C 等)共同实施。所有方案都在几个月内完成，不会中断当前的单个操作也不必购买新物品。大部分方案都能通过更新软件得以实现。

　　如果组织和个人想了解解决方案如何修复 Internet 的更多信息，请参阅 Link 23。还有其他方法可让 Internet 变得更加安全，这个建议只是一种可能的解决方案。组织和个人只需要确定并实施一种解决方案。在没有导火索事件的情况下，这种情况会发生吗？大多数组织和个人并不这么认为。勒索软件本身就是一个导火索。也许不是互联网的灾难性崩溃，但勒索软件相当糟糕。如果没有真正的互联网崩溃事件，勒索软件就是最糟糕的事件了。现在已经有很多组织意识到了这一点，安全专家们的觉悟正在提升。

2.6　小结

　　本章介绍如何通过预防将勒索软件的损失和影响降至最低。备份不是一项预防控制措施。大多数组织和个人将通过缓解社交工程攻击、防止口令攻击和定期更新补丁以扩大防御成果。防御方还可采取其他多种措施帮助降低勒索软件风险。首先，所有组织在防御初期都需要更专注于预防勒索软件以确保万无一失。其次，预防勒索软件总比在勒索软件成功入侵组织后再处理更节约成本。当然，直到更好的地缘政治和互联网解决方案出现后才能实现更好的防御体系。

第3章

网络安全保险

本章将介绍网络安全保险行业，以及在过去几年中，网络安全保险如何调节巨额赎金。核心内容是介绍网络安全保险的选择方法和注意事项，在组织购买保险时避免出现保险范围不足的情况。

3.1 网络安全保险变革

在网络安全事故中，网络安全保险能为组织提供财务保障(Financial Protection)。如今，网络安全保险公司正逐步成为首要的网络安全风险评估方，保险公司会提供额外方法用于评估组织的网络安全准备情况，包括建议或要求的安全控制措施和培训措施。网络安全保险代理方(Cybersecurity Insurance Broker)会引领众多小型组织第一次接触到成熟的网络安全风险评估(Risk Assessment)工作，以及更强大的网络安全控制措施和工具。具有讽刺意味的是，大多数公司不得不采取更优和更完善的计算机安全措施的原因，往往源自勒索软件的攻击事故。

网络安全保险已经以各种形式存在了几十年。最初的网络安全保险作为其他商业保单的"附加条款(Rider)"，主要覆盖第三方(Third-party)索赔，或由于勒索软件攻击上游，最终给下游的组织和个人带来的损失或危害——这些组织并非投保方(Insured Party)。因为计算机攻击，直到21世纪初才开始出现直接覆盖投保方的第一方(First-party)保险责任。

坦白地说，在勒索软件流行前，恶意的网络攻击仍是不常见的事情。那时，有些攻击方会窃取少量数据或获取免费的服务，但大多数攻击方是相当温和的。在这类事件中，更多的是青少年要证明自己有破解系统的能力，而不是打算伤害谁或只是图钱。当然，从一开始就存在恶意的攻击方和软件，如 1992 年攻击硬盘驱动器的米开朗基罗病毒(Michelangelo Virus)，但这类攻击方和软件寥寥无几。大多数攻击方侵入系统只是因为这些人士有能力随处逛逛，然后转身离开。恶意软件更可能造成的结果是播放 Yankee Doodle Dandy 这样的歌曲，或者在屏幕上显示要求大麻合法化的信息，并非真正危害系统。

2005 年前后，开始出现垃圾邮件机器人(Spam Bots)、僵尸网络(Bot Nets)、身份窃取(Identity Thieves)和信用卡盗窃程序，并将昔日的攻击方和恶意软件导向利益驱动型活动。但即使在那时，大部分攻击的结果都是访问和使用未授权资源，而不是直接恶意破坏已入侵的主机。计算机攻击的商业化导致出现更多攻击方和攻击活动。为应对计算机攻击，美国的政府、行业和团体制定并发布了大量的法律法规和监管合规要求(例如，PCI-DSS、SOX、NERC、HIPAA 等)[1]。网络安全保险产品最初是为了补偿企业因数据盗窃(而非业务中断和恢复)而造成的损失。

正如第 1 章所述，网络安全保险变革的真正驱动力是 2013 年勒索软件采用比特币支付赎金的结果。如今，网络安全罪犯不需要通过窃取并转卖信息来获利，勒索团伙直接向受害方组织索要赎金，并在更短周期内得到赎金，从而直接获取大量金钱。短短几年内，仅从风险和损害角度看，未来最大的网络犯罪问题是勒索软件(尽管在数量上，接近一半的网络安全保险索赔与其他问题有关)。

---

[1]译者注：PCI-DSS 指支付卡行业数据安全标准(Payment Card Industry Data Security Standard)。SOX 指 2002 年萨班斯-奥克斯利法案(Sarbanes-Oxley Act of 2002)。NERC，是由联邦能源管制委员会认证的电力可靠组织(ERO)筹建和运营的，为大容量电源系统制定可靠性标准。HIPAA 是健康保险流通与责任法案(Health Insurance Portability and Accountability Act of 1999)。

近年来,提供网络安全保险的保险公司数量逐年攀升,最多有将近200家不同的保险公司提供包括勒索软件攻击的网络安全保险。网络安全保险将覆盖赎金支付、恢复费用和业务中断费用,直到保险责任的上限。

投保方可从众多报价中挑选供应方,保证保险费用是可承受的,包括较低的免赔额和价格实惠的保费。例如,在2019年较常见的情况是,组织每年花费1500美元就能得到一份100万美元的保单,并且这份保险的免赔额是1万美元。对保险公司而言,这是利润丰厚、竞争激烈的战场,保险公司不敢提高保险费率。相反,由于保险公司都在争夺业务,为保住现有客户,保险公司会考虑降低保险费率。

对于投保方而言,网络安全保险允许将很大一部分财务风险"转移"给另一个实体(保险公司),俗称风险转移(Risk Transference)。多年来,与其他类型的保险相比,在承保相同金额的财务风险时,网络安全保险的费用较低。有很多不同类型的产品供组织选择,包括各种免赔额和保险责任。就在几年前,提供网络安全保险的保险公司还在赚取大量利润,这是"轻松赚钱"。保险公司通常会从网络安全保险中赚取60%或更多的利润。虽然勒索软件和勒索赎金在增长,但勒索事故依旧是相对不常见的事情,支付的勒索赎金平均仅有数万美元。

一两年后,尽管勒索软件事件逐渐增多和平均赎金逐渐增加,保险公司仍能从支付的保费中获得40%的收益。对于提供网络安全保险的保险公司而言,这仍然是不错的利润。这对于投保方而言也有益处,已投保的组织可使用低廉且合理的费用获得数百万美元的保险责任。合适的盈利和便宜的保费对于保险公司和投保组织而言是双赢的局面。评估投保方当前的网络安全风险并不难。曾有保险代理方告诉Roger:"我记得以前保险公司要求完成的网络安全风险调查只有五个问题,其中三个问题是申请投保组织和个人的名称、地址和电话号码。"

世界上,唯一不变的就是变化。近年来,网络安全保险行业曾经拥有的不可思议的盈利能力已经不复存在。勒索软件攻击的次数和支付赎金的数额震动了网络安全保险市场。美国保险代理人及经纪人协会(Council of Insurance Agents and Brokers)的数据展示了美国网络安全保险费用占比随时间变化的情况(如图 3.1，数据源自 Link 1)。

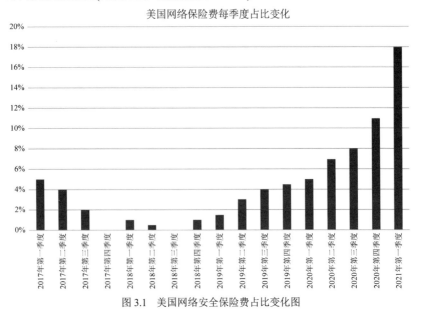

美国网络保险费每季度占比变化

图 3.1　美国网络安全保险费占比变化图

目前，很多损失惨重或厌倦风险不断上升的保险公司纷纷退出。那些仍在提供网络安全保险的公司，需要对投保方的网络安全防御控制措施更有信心，提供更少的承保范围，收取更高的保费，并包含更多的"例外"(即保单的保险责任免除事项)条款。

勒索软件不是唯一的问题

勒索软件是网络安全保险行业急剧变化的主要驱动因素，但在该行业面对的风险中，其他威胁也是变化的重要组成部分，包括传统的网络钓鱼威胁和商业电子邮件冒充欺诈，犯罪分子诱骗很多受害方把钱汇到犯罪分子银行账户，结果导致受害方损失了数百万美元。

如今，可供组织选择的保险公司少了很多，大多数想要购买网络安全保险的组织为顺利购买保单，必须证明自己拥有相当强大的网络安全防御能力。网络安全保险的风险调查通常需要回答 30～40 个问题，大多数寻求网络安全保险的组织还需要完成漏洞扫描和审计。保险公司正在寻找那些认真对待网络安全防护的组织。大多数网络安全保险公司会要求投保方使用多因素身份验证(MFA)技术，并开展例行的、持续的补丁检查、漏洞扫描和安全评估工作。过去，即使发现网络安全存在缺陷，组织仍可获得保单，并有 30～90 天的"宽限期"用于解决问题。如今，这种宽限期不复存在。想要投保的组织，从一开始就应充分保护网络安全。如果保险机构在保险责任期内，发现投保方有新的安全漏洞，投保方必须尽快修复漏洞，否则保险机构的保险责任就可能在保单原定的终止日期之前失效。

多数提供网络安全保险的公司不承保勒索软件事件，或者更常见的情况是，提供显著减少的承保范围，或是需要额外费用的共同保险(Co-insurance)。例如，如果涉及勒索软件，一份 100 万美元的普通网络保单只保 10 万至 25 万美元，这是相当大的保险责任排除。组织可能需要支付一笔额外的、更高昂的费用，才能在完全不同的保单下获得勒索软件的保险。时代在改变。

发生了什么事情导致上述变化？勒索软件团伙开始攻击更多目标，并在每次事故中获得更多赎金，造成更大破坏，导致更高的恢复费用。100 万美元以下的赎金甚至不再是头条新闻，500 万到 1000 万美元的赎金相当普遍，数千万美元的赎金也并非骇人听闻。单个公司的恢复费用通常超过 1 亿美元。在规模更大的、影响全美国范围的勒索软件攻击中，赎金金额接近 10 亿美元。大多数勒索软件受害方组织会在几周内完全瘫痪，而全部恢复通常需要一年以上的时间。大多数受害方组织即使支付了赎金，也无法恢复所有数据。犯罪团伙会泄露拒绝支付赎金的受害方组织的机密数据。长此以往，导致了一个恶性循环，没有组织愿意支付赎金，因为这只会刺激网络罪犯，导致受害方组织越来越多。但每个受害方组织在评估自己恢复的可能性和费用后，往往又会支付赎金。恶性循环周而复始。

3.2 网络安全保险是否会导致勒索软件攻击愈演愈烈？

不断扩张的网络安全保险行业，是否会导致勒索软件愈演愈烈？关于这个问题有很多争论，但很可能是有效的网络安全保险正在助长勒索软件攻击的数量和赎金的数额，至少在很多情况下是这样的。

单个受害方组织可能面临是否支付赎金的道德困境，但网络安全保险公司不会。当已投保的受害方组织受到攻击时，网络安全保险公司通常会迫于受害方组织施加的压力进而支付赎金。这是因为支付赎金的受害方组织通常会更快地恢复正常并运作，涉及的费用要少得多。已投保网络安全保险的公司更可能支付赎金，因为所有赎金不是从自己口袋里掏的。

勒索团伙也注意到这一点。多个勒索软件团伙专门将已投保的组织列为目标，或者在刚刚侵入的受害方组织内部寻找网络安全保单的凭证。在谈判过程中，很多勒索软件团伙会立即要求特定保单所允许支付的最大赎金金额，通知受害方，勒索团伙已经掌握了保单的细节。

> 组织如果有网络安全保险，建议不要将保单放在线上存储，或至少选择一种方式保护保单，就算攻击方完全控制网络环境，也无法读取保单内容（即单独加密或访问隔离）。此外，组织应避免在公开的文件中公布组织已经拥有网络安全保险的事实。

已经有几则新闻报道宣称，勒索软件团伙侵入网络安全保险公司，窃取了保险公司的客户名单（或只是从保险公司的营销网页上获取客户名称），然后将客户加入新受害方的首选攻击名单。至少有一个勒索软件团伙 Maze 已经公开证实了这一情况，尽管无人知晓这一说法是真实的，还是虚假的吹嘘。

几家最大的网络安全保险公司自身也曾受到勒索软件的攻击。至少有一家网络安全保险公司遭到特定攻击，攻击方加密了这家保险公司的数据（而不是解密），因为这家公司公开表示将不再支付任何赎金。勒索软件团伙攻击了该保险公司并向其他保险公司发出警告。

网络安全保险行业是否弊大于利？这是很多人士提出的疑问。就勒索软件而言，无法改变的事实是：在网络安全事故中，多数组织希望能够控制自掏腰包支付的最高费用，而网络安全保险对于这些组织而言就是一个良好的商业风险决策。不管这是不是一个自我膨胀、自我挫败的循环，大多数组织至少应考虑是否购买网络安全保险。更可能的是，不断增加的网络安全保险投保要求将促使组织的网络和数据安全在整体上更具韧性(Resilient)。

3.3　网络安全保险保单

本节将深入探讨网络安全保险的基础知识。事实上，目前为止世界上仍无提供网络安全保险的"标准"方式，而且就在撰写本书的时候，网络安全保险仍在发生变化，但大致的要点值得一探究竟。

虽然目前仍有几十到一百多家保险公司提供网络安全保险，但少数几家公司(例如，美国国际集团(AIG)、安盛(AXA)、比兹利(Beazley)、安达(Chubb)、CNA、旅行者(Travelers)等)提供了超过一半的保单。虽然本书的重点是勒索软件，但重要的是要认识到，网络安全保险保的不仅是勒索软件攻击，通常还包括数据盗窃、身份盗窃、内部威胁、欺诈和其他类型的网络犯罪。不包括勒索软件的网络安全保险也很常见；例如，Sophos 的"2020 年度勒索软件状况"报告(见 Link 2)称，虽然 84%的受访组织拥有网络安全保险，但只有 64%的网络安全保险覆盖了勒索软件。无论如何，重要的是要确保组织的网络安全保单承保了勒索软件，因为这是最频繁发生和最具有破坏性的攻击之一。

3.3.1　保单内容

并非所有与勒索软件攻击事件有关的费用都在保险范围内，下面列出通常涵盖的费用：

- 恢复费用
- 赎金
- 根本原因分析(Root-cause Analysis)
- 业务中断费用
- 通知和保护组织的客户及股东
- 罚款和法律调查

3.3.2　恢复费用

大多数处理勒索软件的网络安全保单都包括恢复、重建相关系统和数据所需的费用，协助系统恢复至受攻击前的可操作的状态和服务水平，这与受害方是否支付赎金无关。在处理勒索软件的过程中，恢复系统通常是费用最多的部分；与勒索赎金相比，将是赎金的两倍、四倍甚至更多。

网络安全保险公司可能有自己的事故响应人员和恢复专家，或者将恢复工作外包给其他专门从事勒索软件恢复的公司。有些保险公司也会吹嘘自己内部员工有能力提供更加迅速、可靠的恢复服务，但这种说法往往缺乏事实依据。

保险公司内部和外包的事故响应人员通常反应迅速，并且精通所处理的事务。投保方应明确是否需要使用内部或外包的事故响应和恢复专家来处理事故，还是仅仅需要其给出建议。

重要的是事故响应人员要熟悉恢复流程。组织不应该在发生勒索事件后，再去捋清楚应对措施。因此，组织需要经验丰富的专家，或者说是"过来人"。无论保险公司推荐的是谁，推荐的专家都非常熟悉勒索事件的恢复流程，既能降低事故的费用，又能协助受害方组织恢复运营。控制成本符合保险公司的利益，组织也可开展快速且费用低廉的恢复工作。

3.3.3　赎金

发生勒索软件事件时，大多数网络安全保险保单会支付赎金及相关的费用(一项调查声称，当支付赎金时，94%的情况是由网络安全保险公司支付的)。保险公司通常会付钱给经验丰富的勒索软件谈判专家，谈判专家通常会把要求的赎金砍掉一半或更多(尽管目前还没有任何消息能够证明，是否勒索软件团伙恰好在一开始，就人为地将实际要求的赎金加倍)。

在全球范围内，就算没有上百，也有几十个普通人，在受害方组织(或受害方的代理人员)和勒索软件犯罪分子之间靠谈判赎金为生。Roger 不清楚谈判人员是如何完成谈判的，但这类人员确实存在，而且受害方组织经常雇用谈判人员。大多数勒索软件谈判人员都与一个或几个勒索软件团伙有联系。谈判人员知道勒索软件团伙的运作方式，知道邮件应该发给谁、如何发，以及勒索软件团伙通常使用的术语。反过来，勒索软件团伙会信任谈判人员，几乎就和信任犯罪同伙一样。当勒索软件团伙熟悉、信任并与谈判人员有持续关系时，犯罪分子会放松警惕，对于受害方的态度也就不再那么强硬和不耐烦。

如果组织购买了网络安全保险，一定要确认最终由谁决定支付赎金。大多数情况下，购买保险的用户有最终决定权，但如果投保方在支付赎金方面有不明之处，最好在为保单付钱之前弄清楚。

3.3.4　根本原因分析

如第 2 章所述，重要的是要清楚勒索软件是如何在受害方的环境中执行的。勒索软件发生的根本原因是什么？是因为社交工程攻击(Social Engineering Attacking，SEA)、未修复补丁的软件、口令猜解，还是因为其他类型的漏洞利用方法？受害方组织需要查明根本原因，以便修复存在的、可利用的漏洞。这不仅可阻止当前或未来的勒索软件攻击方返回或进入受害方的网络，而且可缓解日后恶意软件和攻击方利用相同漏洞的威胁。然而，很少有受害方组织开展根本原因分析工作，来找出勒索软件成功进入网络的途径。

多数勒索软件受害方同样想知道是否有"数据泄露(Data Breach)"的情况发生。传统的勒索软件只是利用漏洞、加密数据，而不会考虑将数据非法公开。如今，大多数勒索软件会窃取数据，因此，也更可能发生典型的数据泄露事件。在一些国家、地区或受监管的行业，如果发生数据泄露，监管方会要求采取一系列额外的法律强制措施，例如，通知和保护客户。如果对于组织而言，数据非常重要，那么要确保在恢复过程中包括一项调查工作，调查工作主要是判断是否发生了数据泄露。不是每一份保单都会支付完成根本原因分析时的取证费用，但如果网络安全保险公司承保了这部分费用，请充分利用。

3.3.5 业务中断费用

网络安全保险可能承保，也可能不承保因业务中断而造成的收入损失。大多数遭到勒索软件攻击的受害方组织会在几天到几周内完全停止运营。

在过去几个月甚至一年多的时间里，相比袭击之前，多数受害方未能恢复到百分之百的运营能力。大多数网络安全保险会承保业务中断造成的收入损失。如果保险公司承保了，第一方保险责任将包括投保方的收入损失。由于上游受害方发生勒索软件事件，而最终导致下游客户的收入损失，第三方保险责任会承保这部分内容。然而，有些保单可能不是这样，特别是"附加(Add-on)"保险责任。所以，组织需要检查保单，来确认承保内容。

3.3.6 通知和保护客户及股东

受害方的客户和员工也可能在勒索事件中受到影响，这取决于受害方的情况和牵涉的勒索软件。如果勒索团伙查看或盗取了客户或员工的敏感信息，组织需要通知受害人员。受害人员可能需要购买并启用其他保护服务，例如，信贷持续监测和身份盗窃告警。为修复因勒索软件事件造成的声誉损害，保险公司会吹嘘自己雇用了"形象顾问"。不管怎样，就通知和保护客户及股东相关的事项而言，组织需要查明保险单承保的内容。

3.3.7　罚款及法律调查

有些网络安全事故可能招致法律或监管的罚款和/或调查。如果投保方没有故意的违法行为，多数(但不是所有)保险公司将承担需要支付的罚款。在特定情况下，罚款可能数额巨大，所以将罚款纳入保险责任益处多多。然而，如果投保方故意做了违法或违规的事情(或者可能恰好是粗心大意)，大多数保险公司将不承担由此造成的罚款或调查的费用。

3.3.8　网络保单结构示例

如何制定一个全面的、典型的网络保险保单呢？下面列出保单中可能包含的内容，但术语因保险公司而异。

- 网络事故响应(第一方)
  - 事故响应费用
  - 法律法规和监管合规要求费用
  - IT 安全和取证费用
  - 危机沟通费用
  - 隐私泄露管理费用
  - 第三方隐私泄露管理费用
  - 事故后期(Post-breach)的补救费用
- 网络犯罪(第一方)
  - 资金转移欺诈
  - 盗窃托管资金
  - 盗窃个人资金(针对高级官员)
  - 敲诈
  - 公司身份盗窃
  - 推送付款欺诈

- 电话窃听
- 未授权使用计算机资源
- 系统损坏和业务中断(第一方)
  - 系统损坏和整改费用
  - 收入损失和额外费用
  - 附加费用(若有)
  - 依赖的业务中断
  - 间接声誉损害
  - 索赔准备费用
  - 硬件更换费用
- 网络安全和隐私责任(第三方)
  - 网络安全责任
  - 隐私责任
  - 管理责任
  - 监管罚款
  - PCI 罚款、处罚和评估
- 媒体责任(第三方和可选)
  - 诽谤
  - 侵犯知识产权(IPR)
- 错误和遗漏(Errors and Omissions，E&O)(第三方和可选)
- 出庭费用(第三方)

在购买保险之前，可认真审查以上内容。

3.3.9　承保和未承保的费用

注意到网络安全保险不予支付的费用，对于组织而言也是有益的。需要说明的是，如果投保方受到勒索软件攻击，与之相关的网络安全保险公司可能支付大量金钱。保险公司不会慷慨地为保单之外的东西买单，但也不会像处理其他类型的保险那样，故意寻找不赔付投保方的方法。不过，仍有部分费用是大多数网络安全保险单不承保的。以下是勒索软件类网络安全保险可能不承保的一些常见和不常见的费用。

无论是否发生勒索软件事件，通常不承保以下费用：

- 初始阶段所有用于阻断勒索软件攻击的缓解措施费用
- 获取网络安全保险所涉及的资源
- 网络安全保险附加的费用(若有)

如果发生勒索软件事件，通常不承保以下费用：

- 人事变化，人员的增加、减少、替换(如果发生的话)
- 由于新的工作程序和保护措施(如果有)，导致的生产力下降(尽管可能在"收入损失"中承保)
- 声誉损害(尽管可能在"收入损失"中承保)
- 未投保的第三方中断
- 为缓解下一次攻击增加新的、额外的防御准备措施(在攻击前并不存在)

需要强调的是，很多保险单承保了前面列出的一些费用，如业务中断、增加的劳动力费用和收入损失等。对于正在考虑购买保险的组织而言，重要的是需要确定保险是否承保特定的费用。如果一份保单承保了特定费用，其保险责任又是哪些？受害方仅需要承担保险承保之外的损失。

前面列表中的最后一项费用值得进一步探讨。为缓解未来的攻击，大多数受到勒索软件攻击的组织都希望提升自身的防御能力，从而不再成为勒索软件的受害方。在最顺利的情况下，网络安全保险单会帮助投保方完全恢复到之前的运营和防御能力。但是，对于投保方用于购置新的安全缓解措施的费用，保单是不会支付的。大多数勒索软件受害方最终购买了新的终端检测和响应软件、网络和主机入侵检测软件和设备、安全意识宣贯培训服务、安全事件持续监测产品和服务、多因素身份验证解决方案和软件升级等所有受害方组织应做而未做的事情；如果当初开展了网络和数据安全防御和响应工作，那么，从一开始就不太可能受到勒索软件攻击。网络安全保险不会为任何新的控制措施买单，保险注重支付协助投保方"恢复正常(Back To Even)"所需的费用，在勒索软件案例中，多数如此。

现实生活是复杂的。很多时候，购买新物品是为了更换那些需要替换或损坏的东西，可能没有其他选择。例如，假设一组微软 Windows 7 客户端和 Windows 2012 服务器崩溃，大多数受害方组织最终将购买微软 Windows 10 和 Windows Server 2019 或 Windows Server 2022 来代替。新软件通常比旧软件价格更贵。很多时候，新软件要求更多资源，这就需要新的硬件支持。在替换过程中，安全顾问可能会提到，组织当前的活动目录(Active Directory)设计会引发一些问题。由此，安全顾问建议用"正确方法"从头开始设计活动目录，这项工作将需要由其他顾问组成的团队完成，而花费的时间即使不是几个月，也需要几周。

有人谈到，一套更完善的事故响应流程可减轻损害、减少停机时间和降低恢复费用，并且要建立正式的事故响应(Incident Response，IR)团队，培训团队成员，开展桌面演练，为新团队购置事故响应软件。还有人建议购买企业级的漏洞扫描和管理程序，安排新员工负责运行和管理所有程序。

因此，在勒索软件事件的恢复流程中，多数组织最终都采用了新的软件、新的硬件、新的网络设计、新的安全设备、新的服务，雇用了新员工。需要受害方组织额外支付的费用都不是由保险公司支付的。不要期望良好的恢复仅仅是回到原来的状态。通常情况下，投保方不希望将组织的环境退回到原来的状态，因为就是组织原先的安全状态造成了目前的问题。

大型勒索软件事件造成的运营中断，也远远超出任何网络安全保险公司能够承保的范围，或者说，假如要投保运营中断，那么组织可能永远也付不起保险费。对于勒索软件事故而言，真正中断的费用是巨大的，甚至是全球性的。

如第 1 章所述，由于管道运输公司 Colonial Pipeline 受到勒索软件的攻击，最终中断了遍布美国东南部的汽油供应。Roger 的家乡在佛罗里达州坦帕市(Tampa)附近，当时汽油普遍短缺，但这并不是因为汽油供应量减少了。不管怎样，由于汽油供应可能会变少，每个人都惊慌失措，所以人们立即跑出去加油，这导致 Roger 居住地区的大多数加油站，在几小时内汽油库存告罄。当 Roger 出门想给自己的卡车加油时，方圆 10 英里内却找不到汽油，只看到套着塑料袋的加油枪和昏暗的加油站。Roger 浪费了两个小时和几加仑本已稀缺的汽油，也没有找到加油的地方。Roger 给公司打电话，告知接下来的一两天无法上班，因为 Roger 不确定自己是否有足够的汽油在两地往返。荷兰的同事告诉 Roger，由于美国正在发生的事情，同事们收到了关于汽油问题的提醒。这太疯狂了！但这只是勒索软件事件造成的结果。保险承保的内容不会包括所有这些中断。

两周后，又发生了一起事件，国际肉食品加工厂 JBS 支付了 1100 万美元的赎金，但工厂的肉类供应还是延期了，影响了等待肉产品的餐馆和商店。很明显，勒索软件造成的运营中断的影响是巨大的。这种中断会影响数百万人的生活，造成减产，而且这笔费用永远也不会得到赔偿。

如果组织对网络安全保险提供的财务保障感兴趣，一定要清楚保单承保的内容和不承保的内容。组织应寻找一个优秀、聪明且值得信赖的保险代理方共事，保险代理方了解保单涉及的内容，并能回答组织的问题。评估新的网络安全保险保单时不能毫无根据地猜测。

3.4　网络安全保险流程

知晓购买保险的标准流程是重要的。一旦组织购买了保险，那么在遇到勒索软件事件时，知道发生了什么攻击同样非常重要。本节会深入讲解购买保险，确定网络安全风险，以及核保、批准和事故索赔的流程。

3.4.1　投保

大多数组织只需要联系自己的商业保险代理方，就能了解网络安全保险的情况。一些组织会联系网络安全保险专业人员，还有新的客户会通过互联网广告找到网络安全保险代理方。无论哪种方式，所有规划购买网络安全保险的组织都将经历多轮提问，回答不同的问题。

首先是分类和定位投保方，并确定其规模。有些类型的组织无法购买网络安全保险(频繁受到攻击，或攻击造成的损害赔偿过高的组织)，或者保险责任范围较小。保费在不同的行业有不同的定价。

组织注册于哪里，在哪里办公？所有地点是在同一地区、同一国家，还是分布在全世界？如果分布在全球范围，都在哪里？有些国家无法投保网络安全保险，或者必须另外引入其他保险公司来填补这方面的空白。

组织希望投保哪些设备？仅仅是计算机，还是包括移动设备、工业设备和环境设备等？使用什么类型的操作系统(例如，Windows、Linux 等)？有多少台计算机、服务器和终端设备？

组织估价是多少？年收益是多少？有多少客户？有多少敏感记录？有多少笔信用卡交易，总计数值是多少？评估组织是非常重要的；保险公司为组织量身定做保单，特别要考虑到勒索软件，评估最终将会赔付何种勒索软件。

3.4.2　确定网络安全风险

最重要的，保险公司需要知道组织的网络安全风险有多大。为此，保险公司通常会问几十到上百个有关特定保单的问题，例如，是否使用多因素身份验证技术、是否对失败的登录实施账户锁定、备份包括哪些过程和备份是否用离线方式存储等。一些保险公司会询问是否遵守了监管指引(如 PCI-DSS、HIPAA 等)，是否完成了安全审计。打算投保的组织都存在一些风险，保险公司希望尽可能完整地获知将要应对的风险情况。

现在，大多数保险公司要求投保方允许保险公司指定的服务方，针对投保方的内外部网络实施漏洞扫描，这在几年前几乎是闻所未闻的。保险公司需要确定组织有多少容易发现的且攻击方可利用的漏洞。然后，保险公司会要求组织在提供保单之前修复关键漏洞。保险公司还可能明确提出，会在保单有效期内开展漏洞扫描，倘若投保方不遵守要求，保险公司会提前撤销保单。

3.4.3 核保和批准

收集完所有信息后，信息将发送给核保人员，由核保人员完成信息的审查。核保人员先前已经发过从开始就需要遵守的规则，现在通过收集的信息，核保人员将初步判断组织的申请是否可受理，同时确定保险费。

核保人员在做出最终决定前，会尝试了解其他信息，包括组织的保险责任、期望的免赔额和是否包括勒索软件等。然后，核保人员判断是否需要更多信息才能做出决定。如果回答是肯定的，保险公司会要求投保方提供更多信息。然后，综合新信息，核保人员决定是否允许投保。如果组织想获得保单，那么回答额外的问题，甚至按要求采取一些保护措施(如部署 MFA 技术)都是很正常的。

Roger 曾经从保险代理方那里听说，保险代理方给出报价后，在及时得到客户批准报价的回复之前，有很大可能核保人员会修改保单要求，导致签订保单变得愈加困难。投保方在批准保单报价上花费的时间越长，保险公司取消或更改已报价保单的可能性就越大。需要再次强调，这在很大程度上是由于勒索软件造成了日益严重的损害，以及勒索软件对于网络安全保险行业的财务影响。

最后，如果投保方同意核保人员和保险代理方提出的条款和定价，组织现在就有了一份针对承保事件的网络安全保单。假如网络安全保单包括推荐的(或规定的)事故响应代理方(Incident Response Broker)，那么在获得保单后的第一时间，应由投保方的网络安全负责人员或主要联系人员与保险公司的事故响应代理方建立联系。大多数投保客户只有等到网络安全事故发生时，才会第一次联系事故响应代理方。虽然这也并无问题，但在事故发生前打个电话互相介绍，对组织而言也是有帮助的。

投保方需要确保所有相关的联系信息和保单在离线时都是可用的，因为在线计算机系统可能因为宕机无法使用，或使用时不可信。投保方的联系人员应该向事故响应代理方引见自己，并了解实际的事故响应过程。或许，是时候完成"桌面"模拟演练了。通过与许多经历过勒索软件事故的人员，以及事故响应代理方交谈，大家都一致认为，在投保方和事故响应代理方之间举行一次预先会议，对双方而言都是有益的。不幸的是，只有不到 1%的投保方会在事故发生前这样做。所以，如果投保了网络安全保险，并且有规定的或可能的事故响应代理方(或事故响应团队)，请尽快建立联系。

3.4.4　事故索赔流程

现在，假设网络安全事件(特别是勒索软件事件)发生在已投保客户身上。那么，响应流程是怎样的呢？

通常，在事件发生后，有一个或多个系统由于受到加密而最先崩溃。最初，大多数人员在屏幕上发现使用的系统开始出现操作问题，但不确定发生了什么，这仅仅是意外的、奇怪的、看上去很重要的错误消息。然后，或是受害方正在监视的系统，或是其他最先检查故障的系统，最终显示勒索软件的勒索消息。

当受害方开始从网络(无线或其他方式)断开所有系统时，应联系组织中相关的事故响应人员和高级管理人员。在某一时刻，需要通过之前告知的事故响应联系号码呼叫保险公司。通常，在初始呼叫期间，受害方组织将通报保险公司当前正在发生安全事故，或者稍晚再去联系保险公司。投保方必须在保险公司限定的时间内，通知保险公司发生了保单范围内的安全事故。时间限制从一天到几周不等。保险公司会倾力向投保方提供财务支持，帮助投保方获得所需的最重要技术，以最大限度地减少停机时间和费用。通常不需要在最初的几小时内立即通知保险公司，也就是说，更有益的做法是在通知保险公司之前，向保险代理方再次确认保单中可赔偿的条目类型，以及得到赔偿需要的证据和收据类型。

3.4.5　初始的技术帮助

当事故响应团队或事故响应公司收到呼叫时，通常会告诉投保方，在当前情况下接下来会发生的事情。事故响应团队需要得到尽可能多的信息，例如，有多少设备受到影响？在哪里？是否已经确定了勒索软件的类型？由于不同的勒索软件和团伙有不同的特质，在初期识别勒索软件的种类和版本对响应团队极其重要。一般而言，响应团队会告诉受害方组织的呼叫人员所需的各类信息，以及下一次通话由谁来接听，然后约定好下一次通话的时间。在后续通话中，将沟通第 7 章和第 8 章提到的最初建议的应对措施。这时，将由"阻止传播(Stop the Spread)"和"阻止损害(Stop the Damage)"专家和推荐人员负责，需要时还会召集其他人员或团队。

最初的危机风险终于开始下降，最大的损害可能已经发生或趋于稳定。根据事件的进展，双方可能开始交涉赎金。在某一时刻，事故响应将从初始阶段进入下一阶段，即恢复阶段。受害方根据业务影响(以及业务之间的依赖关系)开始对遭受攻击的系统分级排序，并将启动初始的恢复工作。系统开始恢复运行，在此阶段，通常会购买和部署新的硬件和软件。如有条件，也可开始解密数据。受害方需要检查系统，确保未安装后门木马，或完全重建系统。

保险公司可能派人多次来到现场，以评估事情的进展情况，并开始获取当前和未来的预期费用。最后，赔偿费用将提交给保险代理方，保险代理方会询问问题，出示文件，做出承诺，连带更多的讨论。

一些保险赔付可能已经支付(减去商定的免赔额)，例如，支付早期事故响应人员和恢复的费用。或者受害方组织先垫付所有费用，稍后再得到赔偿。最后，投保方将所有收据提交给保险公司，并商定最终的赔偿金额。这多半是在勒索软件事件发生的几个月之后。保险赔付流程的关键是组织清楚地了解自己的网络安全保险保单承保的内容，以及谁支付、何时支付和支付哪些费用。理想情况是，组织在签署保单协议前，充分了解所有商定的和计入的费用。

3.5 网络安全保险注意事项

对于面临网络安全威胁(如勒索软件威胁)的组织而言，购买网络安全保险通常是比较划算的交易。网络安全保险通常会将过多的财务风险转移给保险公司。然而，有许多"例外"是投保方应该查明的，还有一些"例外"只要看到就要尽力避免。

3.5.1　社交工程例外

有些网络安全保险保单专门排除，或大幅减少涉及利用社交工程攻击(Social Engineering Attacking，SEA)的保险责任。社交工程攻击类型的保单应该完全避免。这是因为，在所有恶意数据泄露事件中，有 70%~90% 涉及社交工程。仅就勒索软件而言，情况稍好(但根据大多数调查，仍然超过 50%)。这意味着作为一种漏洞利用的根本原因，网络安全事件很可能就是利用社交工程攻击造成的结果。倘若因社交工程而任由网络安全保险保单拒绝或削弱保险责任，实质上就是接受了这样一个事实：当需要保险的时候，组织不可能获得最完整的保险责任。

3.5.2　确认保单承保了勒索软件

有些保单不承保勒索软件。一项又一项调查显示，如今大多数组织(超过 50%)每年都会受到勒索软件的攻击。这意味着在今年或明年，组织更可能受到勒索软件的攻击，然而在组织需要的时候，排除了勒索软件的保单不会包含这些保险责任。话虽如此，面对其他网络安全风险事件保险，由于缺少有效办法，大多数组织为了获得这些保险，不得不接受将勒索软件排除在外的结果。如果组织认为其他网络安全事件的风险相当高，并愿意投保，那么接受未包含勒索软件的保险责任还是可以理解的。

3.5.3　员工过失

Roger 见过一些保单，如果员工做出了不恰当的决定而导致恶意破坏，保险公司就会拒绝承担保险责任。有时，组织可能会看到针对预设场景的

"切回"(Carve Back)规定，例如，员工固执地转账汇款。组织还可能会看到一些保险保单明确要求，如果员工在转账前没有执行必要的"双重授权(Dual Authorization)"工作程序，导致资金汇入诈骗账户，就不包括在承保责任内。

　　像员工过失这类的例外(Carve-outs)通常是相当罕见的，但 Roger 曾经见过。甚至在涉及欺诈性质付款的法庭案件中，例如，假冒 CEO 欺诈或假冒商业电子邮件欺诈(Business Email Compromise Scams)，即使在保单中员工过失并未明确规定为免除条款，网络安全保险公司仍会利用员工过失来逃避支付保费。绝大多数针对员工的网络攻击都涉及社交工程攻击。任何将员工过失作为不予赔偿理由的条款，无论如何都要避免。

> ### E&O 是否承保员工的过失？
> 组织通常购买的"失误和疏漏(Errors and Omissions，E&O)"责任保险应该承保员工的过失，例如，与社交工程和勒索软件有关的过失。组织一定要清楚保险承保内容，以及保险责任范围。

3.5.4　居家工作场景

　　一些少见的保单只承保发生在投保方主要业务场所的事故。如今流行的"居家工作"(Work-From-Home，WFH)场景，应当覆盖在保单之内(除非有合理的理由)。大多数保险承保 WFH 场景，而这样做也助长了勒索软件事件。无论办公地点在哪里，组织应始终确信保单覆盖了自己的员工和业务。

3.5.5　战争例外条款

　　NotPetya 勒索软件事件给受害方组织造成了数十亿美元的损失。依据"战争行为(Acts of War)"例外责任，一些网络安全保险公司正试图拒绝承担保险责任。大多数保单都有一项条款，基本上是说保单不承保战争行为。由于将 NotPetya 视为等同战争行为的网络武器，一些网络安全保险公司表示不会支付保险费用。

值得注意的是，尽管网络安全保险公司对于"战争行为"拥有潜在的、强有力的辩护权利(Claim)，但大多数网络安全保险公司已经支付了保费，其他网络安全保险公司已进一步明确表示确实承保数字网络恐怖主义行为。组织一定要仔细阅读保单，对不清楚的术语或短语提出疑问。

3.6　网络安全保险的未来

越来越多的保险公司不再提供网络安全保险，但剩余的很多保险公司正在增加自身的服务。第 1 章介绍了勒索软件即服务(RaaS)。网络安全保险行业的顶级公司本质上是提供一种含有事后赔付的风险管理即服务(Risk Management as a Service，RMaaS)。

顶级保险公司不仅在组织的保单注册和续保流程中，还在注册和续保之间的整个周期内，提供量身定制的威胁评估和漏洞扫描服务。在事故响应方面拥有先进的、丰富经验的网络安全保险公司，逐渐成为安全托管服务提供方(Manage Service Security Providers，MSSP)。保险公司会查明投保方当前的风险，提出安全控制建议，提供安全意识宣贯培训、合规评估和咨询服务，持续监测投保方的网络安全风险状态。如果投保方需要有人查看日志或更新电脑补丁，网络安全保险公司或许会像好朋友一样协助完成这些事情。既然可在同一家公司完成所有事情，为什么还要找一家公司投保风险，再找另一家公司管理风险呢？图 3.2 列出美国国际集团(AIG)的 CyberEdge 风险管理解决方案所提供的服务类型。其他公司也提供类似的端到端网络安全保险服务。

新的网络安全保险产品说明勒索软件在网络安全保险行业拥有一席之地。覆盖勒索软件保险责任的产品导致保险费率上升，而保险可选项减少，保险责任减少。这些网络安全保险产品也促使网络安全保险公司转变为 MSSP，并提高投保方整体的网络和数据安全水平。网络和数据安全防御能力一直与风险管理有关,现在,保险产品正是这样从始至终管理风险。通过鼓励更多组织获得并保持更健壮的安全水平,网络安全保险行业正在对网络和数据安全产生积极影响。网络安全保险产品不仅帮助投保方管理风险,而且很多时候能直接为投保方带来更优秀的网络和数据安全实践。

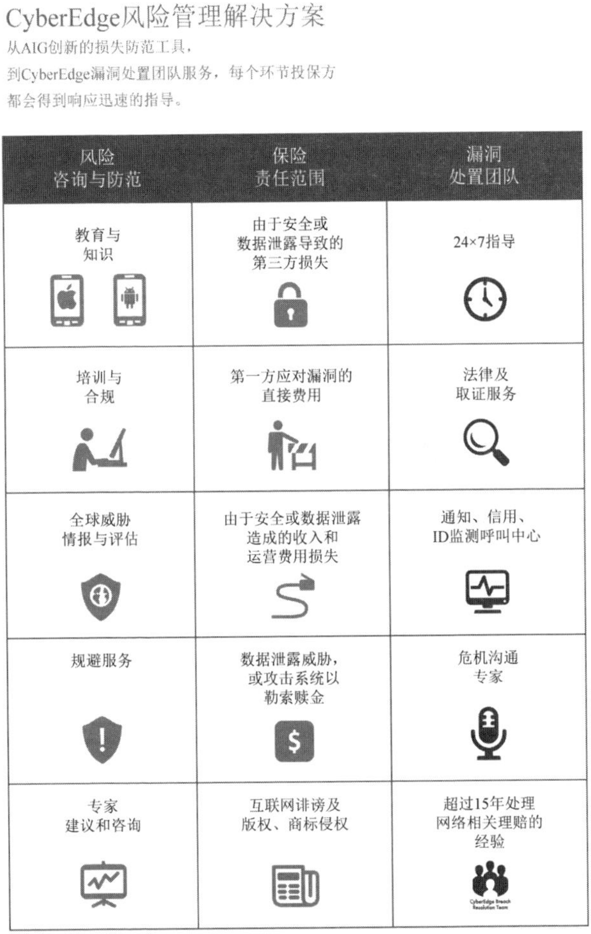

CyberEdge风险管理解决方案

从AIG创新的损失防范工具,
到CyberEdge漏洞处置团队服务,每个环节投保方
都会得到响应迅速的指导。

风险 咨询与防范	保险 责任范围	漏洞 处置团队
教育与 知识	由于安全或 数据泄露导致的 第三方损失	24×7指导
培训与 合规	第一方应对漏洞的 直接费用	法律及 取证服务
全球威胁 情报与评估	由于安全或数据泄露 造成的收入和 运营费用损失	通知、信用、 ID监测呼叫中心
规避服务	数据泄露威胁, 或攻击系统以 勒索赎金	危机沟通 专家
专家 建议和咨询	互联网诽谤及 版权、商标侵权	超过15年处理 网络相关理赔的 经验

图 3.2　AIG 服务实例(来自 AIG 网络安全保险产品营销文件)

需要说明的是，与已有模式相比，网络安全保险行业能否更好地促进计算机安全防御和风险管理，Roger 是不确定的。但 Roger 敢打赌，对于大多数关注风险并将风险转移作为主要防御手段的 C 级高管(C-level Executives)而言，肯定希望凭借一个端到端的单一供应方协助管理风险，从整体上降低保险和数据安全费用。这种新的起源于最先进的网络安全保险公司的"趋势"，是否会变为永久性的，是否在未来成为常态，Roger 也是不确定的。网络和数据安全防御能力一直以来都与风险管理有关，所以网络安全保险公司从头至尾将风险管理整合进来是有道理的。

对于考虑购买网络安全保险的组织而言，重要的经验是要理解保险承保的内容，以及有哪些限制。如果发生勒索软件攻击，组织可不希望出现一丝意外。

3.7　小结

本章谈及网络安全保险，介绍了网络安全保险基本知识，以及在勒索软件"成功"的攻击下，网络安全保险是如何变化的。组织如果制定良好的风险与财务决策，都应该考虑购买网络安全保险。所有购买网络安全保险的组织都应该确认自己保单承保的内容。许多购买保险的组织受到欺骗，是因为要么不够了解排除条款，要么不知道排除条款发生的可能性。勒索软件正在逼迫网络安全保险公司更努力地评估风险，这反过来也在促进保险客户和潜在保险客户的网络变得更加安全。

第 4 章将介绍支付赎金时潜在的法律风险。

第**4**章

法律考虑因素

本章所提及的内容不应视为法律意义上的建议

Roger 从未在法学院就读，也未曾获得法律学位，更未曾持有法律咨询的许可。本书讲述的不是法律建议。如果组织需要法律建议，请咨询专业律师团队。

本章将讨论与恢复和支付赎金相关的法律后果。没有组织和个人愿意满足勒索软件的勒索要求。虽然无法覆盖全部场景，但大多数执法机构和专家都建议不要支付赎金，这是因为如果组织和个人支付赎金只会刺激未来勒索事件数量的增长。然而，对于勒索软件事件的受害方(组织)而言，大多数组织和个人认为支付赎金可能是最佳的财务决策。

重要的是组织和个人需要知晓勒索软件事件不仅是支付赎金，而且就算是帮助其他组织从勒索软件事件中恢复，都可能会在某些国家、州或监管机构管辖的范围内构成法律风险。再次强调：仅仅帮助其他组织和个人从勒索软件事件中恢复就可能导致法律后果！大多数组织和个人如果听说过勒索软件的法律风险，则可能认为风险只存在于受害方组织是否支付赎金，但是，在受害方组织支付赎金的勒索软件事件中，帮助受害方从事件中恢复的组织和个人显然也会面临法律风险，以下是更详细的介绍。

由于大多数勒索软件事件的赎金都是使用比特币支付的，因此，更好地理解比特币运行机制，将对后续讨论与勒索软件相关的潜在法律问题有所帮助。

4.1　比特币和加密货币

勒索软件通常会要求组织使用比特币或其他加密货币支付赎金。如第 1 章所述，比特币于 2009 年 1 月由假名身份为 Satoshi Nakamoto(中本聪) 的专家首次公开发布。Nakamoto 在一篇题为"比特币：一种点对点电子现金系统(见 Link 1)"的论文中向全世界发表了比特币的存在，并发布了一套可用于创造和使用比特币的网站和软件。

> ### 假名(Pseudo)与匿名(Anonymous)身份
>
> 真正的匿名身份几乎不会与特定的所有方、用户或组关联。匿名身份可以是一名人士，也可以同时是多名人士，并且任何人士都可随时重复使用类似的身份标签。所有身份验证系统都无法准确地证明任意匿名身份的特定持有方在任意时间的真实身份。与之相反，假名身份意味着只有单个用户(或主体)可"拥有"或使用所声称的身份。身份在同一套身份管理系统中是唯一的，其他用户不能使用相同的身份。例如，对于登录名是 rogerg 的用户，身份管理系统知道 rogerg 属于真实的、经过验证的用户 Roger A. Grimes，但其他人员不会知道，其他人员只能看到 rogerg 这个登录名。当然，身份验证系统可能会因法院命令而不得不提供与用户 rogerg 关联的真实身份。

2013 年 12 月，第一款勒索软件 CryptoLocker 出现了；此后勒索方开始要求使用比特币支付赎金。在此之前，各种勒索软件缔造方要求将赎金电汇到外国邮政信箱、电汇服务公司或现金卡。所有传统的收款方法都会导致受害方组织很难查询到犯罪分子的真实身份，但也并非是不可能的。如果司法当局下决心追踪赎金，通常能够查明收款方，并将收集到的证据纳入正式的法律索赔中。毋庸置疑，网络犯罪分子将为此备感沮丧。

比特币和其他后来出现的加密货币在某种程度上帮助受害方组织追

踪赎金变得更加便捷，但导致受害方组织更难查明是谁得到了赎金，甚至不太可能查明(稍后将详细介绍)。多数组织和个人误认为使用比特币和加密货币可能无法追踪赎金，但这并不一定是正确的观点。因为使用加密货币的用户的真实身份是未知的且难以确定，所以如今大多数勒索软件要求受害方组织采用比特币支付赎金，还有一小部分勒索软件要求受害方组织采用其他加密货币或其他更难查明的方式支付赎金。

关于犯罪分子为什么喜欢使用比特币、区块链和其他加密货币支付赎金，有很多原因是值得安全专家们详细探究的。比特币和其他加密货币使用加密应用程序、协议、创建的区块和"证明(Proof)"，用于创建、跟踪和验证价值、交易及追踪到每笔交易的数字身份。

特别是，当 Nakamoto 发布比特币时，Nakamoto 不仅创造了比特币，还创建了称为区块链(Blockchain)的底层交易分布式跟踪账本。如今，区块链可与其他加密货币，以及与比特币或加密货币无关的其他应用程序分开使用。

区块链是一种分布式、去中心化的账本(即数据库或记录列表)，用于跟踪和验证个人或交易的集合。跟踪的每笔交易可存储在单独的交易"区块(Block)"中，或多个交易可一起存储在单个区块中。每个区块存储的交易数量，以及交易代表的内容取决于实现方法。单个区块包含交易信息(可以是应用程序定义的信息，包括所需交易信息的哈希值)和至少一个加密哈希结果，以及其他所需的信息。图 4.1 是一种常见的区块链结构。

哈希是使用密码学的哈希算法运算的结果。哈希运算的输出结果称为哈希值，也简称为哈希(Hash)。哈希值具有唯一性。因此，如果两个输入数据生成相同的哈希值，则这两个输入数据很可能是相同的。反之亦然，不同的输入均会产生不同的哈希值。哈希值或哈希用于以密码学的方式证明或反驳两个要比较的内容是相同还是不同的。在计算机和数字交易领域，人们常使用哈希证明或反驳两个不同的要比较的内容的完整程度。常见的哈希算法有 SHA2、RIPEMD-160、NT 和 BCRYPT 等。区块链使用哈希值验证已完成交易的完整程度。

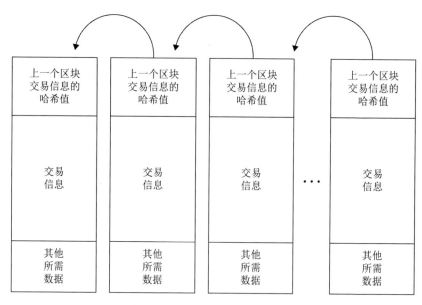

图 4.1　常见区块链结构的图形示例

　　区块链的"链(Chain)"是指将上一个区块的哈希值存储在下一个区块中，然后将这个区块的哈希运算结果存储在再下一个区块中，以此类推。区块链采用保存前一个区块哈希值的方式帮助每个区块前后"挂钩(Hooked)"，循环往复，所有区块都以加密方式相互链接。如果不修改每个后续区块，则无法轻易篡改任意区块(因为篡改后，区块的哈希值将发生改变)。"链"结构是非常强大(虽然还不完美)的保护措施，可预防恶意攻击方篡改以往的交易。

　　比特币是第一种加密货币，也是第一种使用分布式点对点区块链跟踪交易的加密货币。存在几种不同的比特币区块链(分叉)，每种区块链存储了与其相关的单个值，并跟踪区块链的交易。每个比特币分叉都有自己的独立区块链供参与方使用。当今最常用且价值最高的一种区块链与 BTC 有关。当大多数组织和个人提及"比特币"时，通常指的是 BTC 版本；BTC 版本也是大多数勒索软件团伙用于获取赎金的加密货币。

在 2021 年，BTC 的价值为 8840 亿美元。可通过 Link 1 追踪比特币总值。

所有比特币参与方都有自己的比特币区块链"地址"。地址是参与方的公钥，来自非对称加密算法生成的私钥/公钥对。参与方拥有自己的特定私钥或信息，私钥用于帮助参与方在区块链上安全地开展交易。参与方的公钥是公开的，可用于验证使用私钥的用户的交易。每个参与方都可有一个或多个地址，而地址是参与方在区块链上所存储资金的关键因素。如果私钥所有方丢失私钥或失去私钥的所有权，将失去对其私钥的控制权(或使用能力)，未来可能无法执行安全交易、兑现区块链资金，甚至无法证明对区块链上现有资金的所有权。如果私钥所有方丢失了私钥(如地址)，那么"钱"基本上就丢失了。如果其他人知道了丢失方的私钥，则可窃取丢失方的加密货币。

参与方的区块链地址是参与方在区块链上的身份。在比特币和大多数其他加密货币中，真实身份与区块链地址无关。数字犯罪分子更喜欢使用加密货币索取和接收赎金的原因就在于此。如果数字犯罪分子小心谨慎，那么组织将区块链交易联系到真实身份将是极其困难的，甚至是不可能实现的。

参与方可使用自己的比特币地址发送或接收比特币。每笔交易都会将参与方的地址记录到区块链中。每个参与方都可下载部分或整个区块链。此时，BTC 区块链将占用很多存储空间。但参与方可运行比特币客户端，并通过命令将整个区块链下载到本地计算机/设备。参与方可查看或验证区块链上的每笔交易。不同的加密货币和应用程序以不同的方式工作，但通常都有允许参与方查看部分或全部区块链并验证交易的功能[1]。

---

[1] 译者注：区块链技术是勒索软件防御体系中的重要组件，有关区块链技术的内容，请参考清华大学出版社出版的《区块链安全理论与实践》一书。

有关比特币和区块链的更多信息

有关比特币、区块链，以及如何记录、跟踪和验证比特币和其他流行的加密货币交易的更多信息，可阅读 Nick Furneaux 的"调查加密货币：理解、提取和分析区块链证据"(见 Link 2)。

对调查人员而言，区块链的有用之处在于包括调查人员在内的参与方都能看到交易和资金流向的地址。因此，赎金会支付到特定的区块链地址，包括调查员在内的所有人都能看到何地、何时发生了资金流转，并能看到金额。大多数勒索软件的勒索要求会包含特定文字，指示使用何种加密货币以及支付赎金的区块链地址。图 4.2 显示了第 1 章的图 1.2 中 NotPetya 要求的比特币地址。

图 4.2　NotPetya 使用的比特币地址

虽然 NotPetya 是擦除软件(专门用于破坏数据而设计的)而非勒索软件，但 NotPetya 显示的信息与典型的勒索软件的勒索要求看起来非常相似。有时，勒索软件的勒索要求会告知受害方组织通过预定义的电子邮件地址或聊天频道获取详细信息，随后受害方组织将得到发送赎金的区块链地址。这就是勒索软件团伙获得赎金的方式。

勒索软件团伙通常有多个区块链地址，尽管多个区块链地址会导致操作变得复杂。这就像一位普通客户拥有多个银行账户一样。某些勒索软件团伙为每个勒索软件受害方或附属机构分配一个唯一的比特币地址，但大多数勒索团伙对于自己攻陷的所有受害方组织，只使用共享的几个地址。还有勒索软件团伙使用一个区块链地址共享给所有受害方组织，或特定时间段、地理位置内的所有受害方组织。如果组织可获得与特定勒索软件需求关联的地址或勒索软件团伙使用的共享地址，则可跟踪支付给勒索团伙的赎金，并会跟踪到勒索软件团伙何时"兑现"不义之财。

多个组织，包括 Chainalysis(见 Link 3)和 Elliptic (见 Link 4)等专门的

区块链跟踪公司、执法机构、网络安全保险公司，专门跟踪支付给特定勒索软件地址的赎金。组织和个人能够阅读到有关"xx"个受害方在"某某"时间段内支付"xx"笔赎金的故事。

无论是谁，只要知道付款地址，就可追踪和调查在区块链上执行的某个勒索软件付款行为，因为组织和个人能在大多数区块链上跟踪所有交易，包括勒索软件团伙使用的区块链。加密货币跟踪公司 Elliptic 是一个实例，Elliptic 跟踪 Colonial Pipeline 和其他 Darkside 勒索软件受害方支付的比特币赎金 (见 Link 5)。图 4.3 是 Elliptic 制作的图示，展示了通过比特币给 Darkside 勒索软件组织支付赎金。

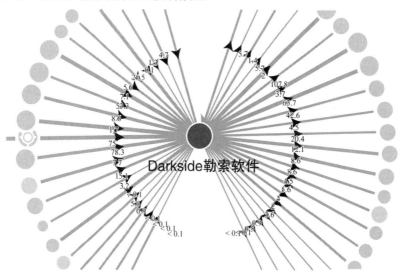

图 4.3　通过比特币给 Darkside 勒索软件组织支付赎金的图示

对勒索软件团伙而言，加密技术确保了区块链的"安全程度"和交易难以篡改，但也意味着受害方组织极其准确地跟踪交易(通过地址)信息，这是非常具有讽刺意味的。如果执法部门或调查人员可获悉使用特定区块链地址用户的真实身份，那么区块链的高度安全水平对犯罪分子而言就意味着暴露身份。例如，2021 年 6 月逮捕 Clop 勒索软件团伙就是通过查明 Clop 团队比特币资金的传输路径而完成的(见 Link 6)。

如果执法人员或调查人员获知与特定区块链地址关联的私钥,则能简单地将参与方的地址(和存储的价值)划归己有。上述情况也时有发生。有关执法部门能够阻止或收回发送给勒索软件团伙赎金的故事也能查询到。例如,美国联邦调查局在 Colonial Pipeline 勒索软件事件中追回支付的 230 万美元赎金(见 Link 7)。

当然,勒索软件团伙不喜欢有人能够跟踪交易信息,更不愿意身份为外人所知。如第 1 章所述,众所周知,勒索软件犯罪分子会将加密货币交易转移到中间地址,在中间地址之间,传入的转移值可用一堆其他不相关的传入交易混淆和"掩埋",然后用一笔或更多交易,转入其他等待的区块链地址。这种行为称为洗钱(Laundering)、混合(Mixing)、雾化(Fogging)或弄乱(Tumbling),许多服务的提供方就是提供上述主要或部分业务服务,服务提供方通常会从数字洗钱交易中收取相当大比例的费用。

网络犯罪分子兑现不义之财的方式

"比特币洗钱: 犯罪分子如何使用加密货币"一文总结了网络犯罪分子使用比特币兑现不义之财的常见方式,可在 Link 8 找到这篇文章。

勒索软件罪犯通常使用比特币雾化,为自己提供额外保护。大量看似无关的交易转移到共同的地址,然后一堆不同的交易从另一端传出,因此,执法人员和追踪方通常可识别出雾化参与方。有时,执法部门会发现雾化参与方所犯的错误,并最终予以逮捕,如 Feds Arrest an Alleged 336M Bitcoin-Laundering Kingpin 示例所示(见 Link 9)。

对于勒索软件犯罪分子而言,比特币和其他加密货币既有优势也有劣势。然而,优势明显大于劣势,但执法机构和防御缓解措施正试图缩小差距。其实,已有组织和个人反复尝试使用一些方法取缔比特币,以及其他与勒索软件等非法行为密切相关的加密货币。正呼唤一种受到更严格监管的加密货币,进而迫使犯罪分子更难利用加密货币收取赎金。目前,尚不清楚举措是否会获得支持,或者如果这些举措确实成为法律,是否会有效地减少勒索软件事件数量。

4.2　支付赎金的法律风险

从刑事损害中恢复的尝试，可能导致受害方及协助方面临法律风险，这种情况对于受害方组织而言是罕见的，但在一些国家(如美国)确实是可能的。2020 年 10 月 1 日，对于支付勒索软件赎金的组织和个人及其协助方，美国财政部外国资产控制办公室(Office of Foreign Assets Control，OFAC)发布了一份备忘录(见 Link 10)，专门处理勒索软件受害方机构或人员所面临的潜在法律问题。图 4.4 显示了 OFAC 备忘录的开头部分。

DEPARTMENT OF THE TREASURY
WASHINGTON, D.C. 20220

Advisory on Potential Sanctions Risks for Facilitating Ransomware Payments[1]

Date:　October 1, 2020

The U.S. Department of the Treasury's Office of Foreign Assets Control (OFAC) is issuing this advisory to highlight the sanctions risks associated with ransomware payments related to malicious cyber-enabled activities. Demand for ransomware payments has increased during the COVID-19 pandemic as cyber actors target online systems that U.S. persons rely on to continue conducting business. Companies that facilitate ransomware payments to cyber actors on behalf of victims, including financial institutions, cyber insurance firms, and companies involved in digital forensics and incident response, not only encourage future ransomware payment demands but also may risk violating OFAC regulations. This advisory describes these sanctions risks and provides information for contacting relevant U.S. government agencies, including OFAC, if there is a reason to believe the cyber actor demanding ransomware payment may be sanctioned or otherwise have a sanctions nexus.[2]

图 4.4　OFAC 备忘录的起始部分指明受害方支付勒索赎金可能是违法的

美国执法部门一直建议受害方组织不要支付赎金。毕竟，支付赎金只会刺激网络犯罪分子，导致产生更多的勒索事件。但在 2020 年 10 月 1 日之前，对于支付赎金的勒索软件受害方或帮助勒索软件受害方的任何组织和个人(即使根本没有参与支付赎金)，美国执法部门都没有暗示勒索软件受害方和帮助人员可能会承担法律后果。

2020 年 10 月 1 日之后，任何提供恢复服务的公司都可能因为试图帮助受害方组织从勒索软件攻击事故中恢复而陷入法律风险，即使服务方根本无法知晓其正在处理的勒索软件团伙是否在禁止名单之上也同样如此。这种情况非常可怕。需要明确指出的是，美国政府和 OFAC 只是在重申和澄清已写入法律的内容，是的，这些内容也适用于勒索软件事故。只是发出带有提醒意味的"澄清(Clarification)"就会在其适用的社区(即可能受到勒索软件攻击的组织，协助从勒索事故中恢复的组织，及各类组织的法律顾问)中引发动荡。

> **无辜方**
>
> 大多数OFAC备忘录的解释认为，如果服务方不参与处理赎金支付(如仅提供恢复/还原服务)，即使受害方组织最终直接或通过其他实体向OFAC制裁的实体支付赎金，这家服务方也不存在潜在的法律风险。

一些国家(甚至美国的有些州)都已提案立法禁止支付赎金。Link 11 列举了一个例子。大多数有处罚权的监管机构也建议不要支付勒索软件赎金。

所有内容都指向一个问题，"美国的组织和个人是否会因为支付赎金而受到处罚？" 简短地回答一下："是"。

美国政府不会毫无缘由地轻易提供"澄清"，发送法律提醒是有原因的。如果将这份备忘录提供给律师，律师都会得出类似的结论：支付赎金或帮助受害方从勒索事件中恢复(如果恢复与支付赎金有关)，都可能需要承担严重的法律后果。

这似乎不合情理。首先，在特定情况下，刻意帮助勒索软件团伙获得赎金的某个人员，更像是勒索软件团伙的代理方，应该受到指控。但 Roger 并不知道与犯罪分子毫无关系的勒索软件受害方，或帮助受害方的人员，是否应该因支付赎金或帮助其他组织从勒索软件事件中恢复而受到指控或罚款。其次，法律实体起诉受害方组织，或起诉尽力帮助受害方组织恢复的服务公司和人员，Roger 认为不是特别合理，特别是当受害方组织的确不清楚索要赎金的组织或个人是否在禁止名单之上的情况下。使用加密货币通常会导致受害方组织非常难以识别接收方，甚至不太可能识别接收方。

上述是两个重要的辩护主张，但在法律层面确实没有多大意义。根据相关法律，每次起诉总有个"第一次"，看似"公平"并不是法律所关心的。法学院学生花费大量时间，用于探讨看似"公平"的结果，但相应的结果并未出现在法庭案件判决书上。

本书作者 Roger 对法律"公平"的看法

本书作者 Roger 在大学期间学习了两门法律课程，以获得申请会计学学位的一部分学分。在考试中，当不知道某个判例法问题的正确答案时，Roger 常用的好经验是：选择理性的、非法律专业的、态度客观的人员认为的最不公平的案件结果。Roger 在所有法律课程中都获得了 A。就 Roger 而言，法律教育的很大一部分是教导学生："公平"并不总是像最初看起来的那样。

4.2.1　咨询律师

在实际发生勒索软件事故之前，组织应就以上问题咨询律师，以便当组织受到勒索软件攻击的时候，律师能够咨询所有需要的法律资源并提出明智的意见，从而指导组织正确应对勒索软件事故。尽量不要在遭遇勒索软件攻击时，才在非常紧迫的时间内向律师征求法律意见。话虽如此，但大多数受到勒索软件攻击的组织并没有提前完成此项工作。如果组织受到勒索软件的攻击，请组织务必尽快获得准确的法律建议。

4.2.2　尝试追踪赎金

受害方组织确认要求赎金的勒索软件组织是否在"禁止名单"之中，并不会有什么坏处。有些组织提供此类核查"禁止名单"的服务，包括区块链追踪公司，如 Elliptic(见 Link 12)。有些网络保险公司和承销方，如 CFC Underwriting(见 Link 13)，将核查"禁止名单"作为其网络安全保险保单和服务的一部分。

4.2.3　执法部门参与

邀请执法部门参与是一把双刃剑，组织应将是否邀请执法部门介入的决策留给高级管理层和法律部门。通常情况下，邀请执法部门参与是一件好事，执法部门通常会提供有益的意见和建议。但是，执法部门在需要时有权做很多额外的事项，可能与组织的初衷相反，如扣押资产、调查人员、禁止交易等。邀请执法部门介入网络安全事故也会招来风险，执法部门的特殊决策可能并不是受害方组织所期望看到的。

对于美国组织而言，只有因支付赎金而受到法律威胁时，美国执法机构和/或美国网络安全基础架构安全局(Cybersecurity Infrastructure Security Agency，CISA)才能受理受害方组织的案件。

4.2.4　获得 OFAC 许可后支付赎金

美国的受害方也能尝试向 OFAC 申请，获得批准支付赎金的"许可"，尽管 OFAC 声明存在"拒绝推定(Presumption of Denial)"。如果组织正处于勒索软件事故之中，应聘请教律师团队以确认通过何种方式采取行动。

4.2.5　尽职调查

能够提供的最佳建议是：组织应就此事获得良好的法律意见并做好尽职调查。虽然不知道是否有组织或个人仅仅因为支付勒索软件赎金而遭到起诉(与勒索软件组织没有其他非法联系或参与其中)，但组织或个人不想成为第一个"测试案例"。不要成为第一个因支付赎金而遭到起诉或处罚的组织，不要成为头条新闻，要做到尽职调查。

> **支付的赎金可能可以扣税**
> 一些美国税务专家认为，美国组织支付的赎金可合法地从税款中扣除(见 Link 14)。

4.3　是官方数据泄露吗?

并非所有勒索软件事故都会成为数据泄露事件,甚至并非所有涉及数据泄露的勒索软件攻击都是"正式"的数据泄露事件。攻击方盗窃的数据可能不属于监管定义的数据(如 PII 或 PHI 等),或未涵盖在强制性保护合同内。但大多数组织都受某种数据治理、隐私法律或合同的约束,在界定的受保护数据受到破坏时,相关法律法规或合同要求提供公开和保密的报告。勒索软件事故的一部分是确定勒索事故是否造成正式的数据泄露;如果的确造成数据泄露,则应向组织外的人员报告,并以规定的方式处理。如果组织处于某种数据泄露事件之中,且需要提供法律或合同要求的报告,请组织的律师做出决策。

4.4　保留证据

如果涉及的资源可能用作取证调查、法律问题或监管调查的一部分,则组织应保留相关证据。若有疑问,请保留所有证据。保留证据时,至少要制作保存所有相关资源的硬盘(可能还有内存)的取证副本。大多数情况下,即使不涉及法律和监管问题,这也是正确的做法。很多勒索软件受害方无法回答事后询问的问题,就是因为受害方组织热衷于快速恢复而破坏了原始证据。有时,安全专家可能会在计算机内存中找到勒索软件加密密钥。组织肯定希望在不支付犯罪分子要求的赎金的情况下,就能恢复数据。

4.5　法律保护摘要

总之,为降低因支付勒索软件赎金或参与恢复流程而受到处罚的风险,请组织开展尽职调查。

作为勒索软件的受害方组织,应完成以下工作:

- 聘请法律团队参与其中(尽可能提前)，研究如何应对来自勒索事故的法律风险，并提供经过充分研究和讨论的意见。
- 如果遭到勒索软件攻击，立即请法律团队参与事故处理。
- 请法律团队在勒索软件事故中负责所有外部联系，以便通信更可能受到通信法的保护。
- 尝试确定勒索软件组织是否在"禁止"名单上。
- 邀请执法机构适当参与并遵循执法机构的指导。
- 如果决定支付勒索软件方要求的赎金，请考虑获得 OFAC "许可"。
- 如有疑问，请考虑拒绝勒索要求。
- 确定是否需要保留证据；如果不确定，请保留证据。
- 确定是否发生了正式的数据泄露事件，倘若发生应考虑如何应对。

如果协助受害方从勒索事件中恢复或支付赎金，则应完成如下工作：

- 聘请优秀的法律顾问检查减少法律风险的方法，包括检查合同措辞。
- 充分了解受害方是否对勒索软件事件执行了法律尽职调查，以缓解风险。
- 如果受害方没有执行法律尽职调查，请勿协助受害方组织从勒索软件事故中恢复或支付赎金。

4.6　小结

本章讨论了如果组织或个人协助受害方从勒索事故恢复或支付赎金，可能产生的法律后果。本章的大部分内容用于介绍支付赎金和使用比特币的合法性。还包括法律团队要回答的问题，例如，是否发生了正式的数据泄露事件，如果发生了则需要采取哪些应对措施。第 5 章将讨论勒索软件响应方案。

第**II**部分

检测和恢复

第5章　勒索软件响应方案

第6章　检测勒索软件

第7章　最小化危害

第8章　早期响应

第9章　环境恢复

第10章　后续步骤

第11章　禁止行为

第12章　勒索软件的未来

第**5**章

勒索软件响应方案

本章讨论如何编制详细的勒索软件响应方案，包括制定勒索软件响应方案的驱动力、时机以及方案应覆盖的领域和内容。本章所总结的许多注意事项会在后续章节中详细介绍。

5.1 为什么要制定勒索软件响应方案

为什么所有组织都要制定勒索软件响应方案？一句话：省时省钱。至少自 2020 年以来，在所有接受调查的组织中，有超过三分之一到一半的组织感染过勒索软件。这个比例意味着组织遭受勒索软件攻击并感染的概率非常高。虽然有些组织最终因为数据泄露的威胁而付出代价，但还是有大约一半的组织在勒索软件攻击的初期或在勒索软件加密所有目标数据之前，就能识别出勒索软件。

与没有针对勒索软件攻击做好积极和特别准备的组织相比，做好准备的组织更可能预防勒索软件，更可能更快速地识别出勒索软件，且可能更快地以更低的成本恢复数据。制定并部署勒索软件响应方案可能意味着更快的检测速度、更快的响应速度、更低的损失成本、更快的运营恢复速度，以及更少的法律责任。

5.2 什么时候应该制定响应方案

组织应何时制定勒索软件响应方案？立即，也就是在勒索软件成功感染组织的环境之前。如果组织还没有针对勒索软件的响应方案，请立刻开始制定方案，并尽快完成制定工作。几乎没有任何其他高风险威胁可能对组织的环境造成如此大的危害。如果组织还没有完善的勒索软件响应方案，刻不容缓，请马上开始。在调查中发现，没有制定勒索软件响应方案并感染了勒索软件的受害方组织都希望在事故发生前响应方案就已就绪。对比在威胁下仓促做出的决策，组织经过深思熟虑提前做出的预防决策，更可能产生有益的成效。最起码，勒索软件响应方案也是一个非常卓越的网络和数据安全宣贯教育(面授和数字化平台)工具。在最好的情况下，勒索软件响应方案应该是一份具体的、规范的、具有指导意义的、可用于支持和改进组织通用的业务持续/灾难恢复(Business Continuity/Disaster Recovery)和事故响应的方案。

5.3 响应方案应覆盖哪些内容

勒索软件响应方案应覆盖响应勒索软件攻击所需的关键人员、策略、工具、决策和流程。本节讨论勒索软件响应方案中应覆盖的领域和内容。

离线保存组织的勒索软件响应方案

离线保存勒索软件响应方案非常重要，同时，必须确保所有需要参与勒索软件响应事件的人员都可访问离线保存的勒索软件响应方案。假设恶意攻击方加密了组织的在线数据和系统，那时，组织将无法再继续使用任何通信通道(例如，电子邮件、即时消息等)。

5.3.1 小规模响应与大规模响应的阈值

并非所有勒索软件事件都会危及组织的大型或关键业务部分。在许多勒索软件事件中，组织在勒索软件造成最大损害之前，就已经发现了勒索软件。除非恶意攻击方破坏了关键业务的运营，否则单台受损设备通常不会促使事故的全面响应。防病毒软件/EDR 在勒索软件执行之前就可能捕获了勒索软件，那时组织没必要激活全部的勒索软件事件响应流程。即使勒索软件只是入侵了少量设备，组织依然需要快速检查是否感染了更多设备，除非初始阶段检查确认了有更多的受损设备，否则不需要勒索软件响应团队全员介入。激活完整的勒索软件响应方案所需的阈值是多少？每份勒索软件响应方案都应包括触发全部勒索软件响应方案流程时必须达到的阈值，组织完全没必要小题大做。

5.3.2　关键人员

组织的勒索软件响应方案需要提前确定所有需要参与勒索软件响应事件的人员和团队。推荐的角色包括：

- 团队领导
- 高级管理层
- 法人代表
- IT 人员
- IT 安全人员
- 勒索软件领域专家
- 服务台人员
- 事故响应团队
- 公共关系人员(用于内部和外部沟通)
- 外部顾问(根据需要)
- 执法人员(根据需要)
- 网络安全保险联系人员(如果涉及)

在小型组织中，勒索软件响应方案相关角色中的多个角色可由同一人员或外部人员担任。定义关键人员的目的是提前确定需要的所有角色和人员，并帮助关键人员掌握勒索软件响应方案及目标，以及关键人员如何规划时间来审查、批准和演习勒索软件响应方案。确保所有关键人员都熟悉自己可能扮演的角色和知晓在勒索软件事件中可能承担的责任，并需要亲自参与后续的演练环节。

5.3.3 沟通方案

沟通方案是勒索软件响应方案的关键部分。沟通不畅也许会造成许多严重的后果，这一点不足为奇。所以，必须提前编制响应方案。需要确定的第一个沟通目标是全部参与方如何在需要的时候使用勒索软件响应方案。假设恶意攻击方入侵了组织环境中的所有设备，导致设备无法工作。勒索软件响应方案是否应该打印出来并将纸质打印件保存在所有参与方的家中？如果是这样，组织能否确保全部参与方在每次更新勒索软件响应方案时都能获得最新副本？或者勒索软件响应方案存储在另一个未连接到组织环境的在线存储站点上；如果参与方平常使用的设备出现故障，能否确保所有参与方都有备用设备可供使用？

组织的勒索软件响应方案是否应该在线存储？

众所周知，一些勒索软件团伙经常花时间在受害方组织的网络上寻找有用的信息，获取、阅读并回传信息。勒索软件团伙可能会找到组织的勒索软件响应方案。因此，删除勒索软件响应方案的在线副本对组织是有意义的，这样勒索软件团伙就不会知晓组织如何应对勒索软件的攻击。如果勒索软件响应方案不是仅离线保存，请确保勒索软件团伙无法轻易访问到勒索软件响应方案的在线版本。注意，如果需要使用加密技术，应离线保存密钥。

如何通知团队成员组织发生了勒索事件？同样，组织的网络和常规沟通方式(如 IM)可能已无法正常使用。如果组织没有更好的方法，建议使用手机和 SMS。组织应将方案中所有团队成员的电话号码收集并记录在一个单独的文件中(应保持实时更新)。

保持更新方案

应当根据需要定期更新勒索软件响应方案。至少，组织需要随着人员和角色的变化更新联系方式。工作程序、流程和工具可能也需要实时更新。组织的勒索软件响应方案应按规划定期更新。确保勒索软件响应方案定期更新是谁的职责？如何做到？不要仅制定一份"高大上"的方案，随后束之高阁，置之不理，直到发生勒索事件。完善的事故响应方案是一份"常新的"文件——定期维护且及时更新。

需要单独的会议场所吗？大多数团队能够在组织正常使用的业务场所中会面。但 Roger 曾参与处理的几起恶意攻击事件之中，组织正常使用会议场所的设备和系统可能受到入侵，如果再使用这样的会议场所可能带来风险。在恶意攻击事件发生时，网络电话系统或远程会议软件也会受到攻击，攻击方可能正在持续监测受害方组织的会议。如果担心这种情况，则组织需要设置一个安全的外部会议场所；或者只是假设所有会议都将使用一种安全、可靠的通信方法远程举行。

包括勒索软件响应方案在内，许多事故响应方案定义了备用的物理会议空间，或者指示团队成员联系预设的初始响应团队中的成员，以知晓通信方法。于是，所有团队成员都可在同一时刻使用统一推荐的通信工具。

可能要提前建立单独的在线沟通渠道，以便团队成员可相互发送信息和更新状态。这种在线沟通渠道可能不是组织正常的电子邮件系统或设备。组织需要选择一种全部团队成员都可使用的外部在线沟通渠道。例如，在通过公司常规方法无法访问公司特定的 Microsoft Office 365 或 Gmail 账户的情况下，使用备用的沟通渠道。许多响应团队甚至为所有团队成员购买了必须用于响应事件的新设备和网络设备。

聘请法律顾问担任外部沟通方

法律顾问应就勒索软件事件与所有外部实体沟通，尽可能多地利用客户-律师沟通特权保护沟通内容。

5.3.4 公共关系方案

恶劣的勒索软件事件将严重影响组织的运营。组织需要通过直接联系和通过媒体渠道与员工、客户、其他利益相关方、监管机构以及潜在的"公众"沟通。组织应决定沟通的时机、对象和内容。公共关系(Public Relation, PR)团队应提前参与组织的勒索软件响应方案,组织应听取公共关系团队的沟通意见。公共关系团队应为每种类型的沟通对象创建初步的沟通范例。当然,法律顾问需要审查所有沟通(最好事先演练沟通范例),并与公共关系团队携手合作。如果无法正常使用所有沟通渠道,组织应该提前做好沟通预案。

公众经常会看到勒索软件受害方组织需要一段时间才会公开承认发生勒索软件攻击事件。其中一个很重要的原因就是勒索软件受害方组织所有的系统和正常的沟通方式都出现了故障,而且,勒索软件受害方组织没有提前做好公共关系预案。通常情况下,外界能判断受害方组织出现问题的唯一线索是受害方组织与各方都中断沟通。受害方组织没有人回复电子邮件,有时甚至电话系统都已瘫痪。受害方组织的网站经常显示出 404("Not Found")错误消息,甚至网站显示了包含来自勒索软件团伙的嘲弄语句和非正常的信息。受害方组织的客户和公众都明白,在发生恶意勒索软件事件时,与公众沟通可能不是受害方组织的首要任务,但如果受害方组织将事先准备完成的、经过深思熟虑的初始沟通信息发送给需要知晓勒索软件事件的人员,局面是否会更好呢?

勒索软件受害方组织确认勒索软件事件的详细信息以及确认与公众沟通的时机是一个重大的难题。勒索软件受害方组织希望在交流中保持诚实和透明,希望能够及时与公众充分沟通,但又不会透露过多信息(必须符合甚至高于监管的要求)。切勿撒谎、过度承诺或将未证实的事项描绘成事实。与此同时,缺乏真实信息的简短通告很难使得外部各方感到满意,甚至可能导致外部各方认为勒索软件受害方组织在刻意隐瞒事实。组织在最初的答复中至少要传达出部分信息。通常,勒索软件受害方组织的领导团队(如首席执行官)应回应勒索软件事件所衍生的公共疑问。

勒索软件通常会损害员工个人信息和凭证,因此,勒索软件受害方组织必须考虑如何应对这种风险，尤其是在没有支付赎金的情况下。部分员工可能觉得组织对自己不够关心，决定牺牲员工个人信息以换取利润。勒索软件受害方组织需要安抚员工，并反驳勒索软件团伙的谬论。如果由于勒索软件受害方组织没有支付赎金而导致员工信息失窃，勒索软件受害方组织需要解释不支付赎金的原因。如果员工个人信息泄露，勒索软件受害方组织可考虑为员工提供一年的免费持续监测服务，或为员工提供需要的其他解决方案。

5.3.5　可靠的备份

虽然在多数勒索软件事件中，仅依靠备份通常并不能缓解(Mitigate)勒索软件事件造成的全部危害，但是，可靠、完整、经过测试、离线、更新的备份一定是关键需求之一。遗憾的是，自以为拥有良好备份的组织远远多于真正拥有良好备份的组织。组织需要确认自身具有良好且完整的备份。

组织不具备真正良好的备份，将意味着组织可能需要面对一种更恶劣的情况：恶意攻击方加密了组织环境中的所有关键业务设备，全部关键业务设备都将无法正常工作，并且/或者不再安全。关键业务设备包括服务器、工作站、基础架构服务、云服务、存储设备、前端设备、中间件、数据库、Web服务器等。

多数自称拥有可靠备份的组织要么没有完整恢复全部关键业务设备的能力，要么从未实施过完整恢复全部关键业务设备的测试或演练。不要仅将大范围传播的勒索软件事件作为组织完整恢复所有关键业务设备唯一的测试场景。为保证及时、安全、可靠的恢复，组织需要提前确认拥有备份和恢复方案。备份必须是及时更新的。组织可承受多少数据丢失？组织必须保护备份，保护备份意味着真正离线存储备份，或者保护备份至少迫使勒索软件团伙无法损害备份。

许多勒索软件受害方组织相信自己已拥有安全、可靠和及时的备份。但是，勒索软件受害方组织并不理解，如果作为持有方的受害方组织可在线访问备份存储设备，那么攻击方一样也可以。很大部分的勒索软件受害方组织完全相信组织备份是安全可靠的，但当勒索软件团伙成功入侵组织的环境后，受害方组织才发现事实并非如此。攻击方一定会在加密实时系统之前，尝试删除或加密备份。甚至，勒索软件团伙在勒索软件受害方组织不知情的情况下篡改了勒索软件受害方组织的备份加密密钥，以至于当勒索软件受害方组织试图恢复备份时，才发现备份已无法恢复。

许多云服务提供方(CSP)和云存储服务提供方声称能够保护客户免受勒索软件攻击。也许一部分云服务提供方的确能够保护客户免受勒索软件攻击，然而，可能会有更多的服务提供方无力保护客户免受勒索软件攻击。组织需要确认所选择的云服务提供方能否在组织受到勒索软件事件影响的情况下恢复所有数据和服务。

组织需要确认自己的确拥有可靠的备份体系，意味着组织应该在模拟环境中执行全面的恢复测试。恢复测试需要方案、资源、时间，通常还需要金钱。执行真正可靠、全面的备份和恢复测试并不容易，也并不便宜。但是，如果组织希望有机会恢复数据——组织也许会受到擦除软件而不仅是"勒索软件"的攻击——组织需要确保能够及时恢复全部可能受到攻击的系统。有些支付了赎金的勒索软件受害方组织仍然无法恢复任何数据，且大多数支付了赎金的勒索软件受害方组织也不能恢复所有数据。

> 支付了赎金的勒索软件受害方组织比不支付赎金的勒索软件受害方组织更有可能恢复更多数据。

无论勒索软件对组织的威胁是大还是小，组织始终需要安全、可靠的备份以满足数据恢复的需求。在勒索软件出现之前，仅需要针对常规灾难恢复事件(例如，天气、火灾、洪水、设备故障等风险)实施完善的备份技术即可。但是，针对常规灾难事件而需要恢复的情况相当罕见。勒索软件改变了普通组织必须恢复一套或多套系统的需求和可能。组织的勒索软件响应方案应包括如何实施可靠、安全、完整的备份和恢复测试。更重要的是，组织应对恢复工作开展实际的测试，如果不想太频繁演练，至少应每年实施一次备份恢复测试。

5.3.6　赎金支付方案

组织可以提前做出的最重要决定之一就是是否支付赎金。没有组织愿意为勒索软件事件的要求付款，尽管许多组织认为支付赎金更加便宜快捷。而其他组织基于道德的考虑而拒绝支付赎金。没有人能够保证支付赎金就可恢复任何数据，更不用说完全恢复了。大多数勒索软件会泄露受害方组织的数据和凭证，因此，仅仅依靠数据恢复无法缓解所有危害。综上所述，组织会选择支付赎金吗？这是二选一的答案：是或否。

许多组织声称永远不会支付赎金，然而一旦真的遇到勒索软件攻击，最终还是会支付赎金。因此，第一步是确定组织是否会支付赎金。如果答案是绝对不会支付赎金，则需要将绝对不会支付赎金的决策写入组织的勒索软件响应方案和沟通方案中，并且确保高级管理层同意所做的决定。与支付赎金相比，不支付赎金可能导致更长的停机时间并消耗更多的资源，但业界会称赞不支付赎金的组织。确定是否应支付勒索软件赎金通常不是 IT 团队的最终责任，高级管理层和法律团队应完成最终决策。

> **关于勒索软件敲诈的关键沟通**
>
> 至关重要的是高级管理层和法律顾问应清楚组织的数据备份不可能缓解勒索软件造成的全部危害。大多数组织在听到勒索软件时只会想到加密威胁，因此，安全专家需要向勒索软件受害方组织解释勒索软件可能还涉及关键数据和(员工和客户)凭证的泄露。勒索软件受害方组织需要清楚地掌握涉及的所有潜在危害，然后才能做出明智决策。

如果的确需要，组织也会支付赎金。组织会根据勒索软件事件的具体情况决定是否支付赎金。无论在什么场景下，关键都是要确定组织是否有可能支付赎金。如果不可能支付赎金，组织就应将决策告诉相关人员，组织是否决定支付赎金对于补救措施和勒索软件响应方案具有深远的影响。

如果可能支付赎金，那么提前确定组织在哪些场景和事实下选择支付还是不支付赎金将更有帮助，具体情况如下：

- 如果支付赎金，能否确保成功地解密勒索软件？

- 如果不支付赎金，受害方组织能否承受数据和凭证泄露的风险或其他的潜在后果？
- 受害方组织支付赎金是否合法？受害方组织如何确认合法？
- 最多能够支付多少赎金？
- 受害方组织多久可筹集到所要求的赎金数额？
- 如何支付赎金？
- 保险是否会支付赎金的费用？
- 组织是否需要聘请专业谈判专家？

大多数资深勒索软件恢复专家都会谈及：每次勒索软件事件都是独一无二的，所有勒索软件团伙都有各自的操作模式和诉求。勒索软件响应团队希望首先确定涉及哪些勒索软件和团伙。有些勒索软件和团伙即使在支付赎金的情况下也非常不可靠，勒索软件专家会建议不支付赎金。如果想尽快以最低成本恢复系统，大多数勒索软件恢复专家会建议支付赎金。勒索软件受害方组织能否相信恢复加密后的系统是安全的？能否相信勒索软件团伙会删除或不会发布已失窃的数据和凭证？所有类型的问题和决定都需要组织谨慎考虑并提前做出决策。组织不希望在大规模停机事件期间才考虑应对策略。提前考虑在响应勒索软件事件时的许可事项和禁止事项，以便更稳妥地应对勒索软件事件。

5.3.7　网络安全保险方案

组织是否购买网络安全保险？多年来，购买网络安全保险的组织的比例一直在增加。购买安全保险对于受害方组织和保险公司而言都有极大好处。但可悲的是，勒索软件的可怕"成功率"导致网络安全保险的保费急剧上升、免赔额提高、覆盖范围缩小、承保选项减少。购买网络安全保险不能再像以前一样保障经济利益。尽管如此，Roger 还是建议组织考虑购买网络安全保险，并提前决定是否购买。有关"网络安全保险"的详细信息，请参阅第 3 章。

如果组织和个人已经购买了网络安全保险，则需要注意以下几点：

- 确保网络安全保险涵盖勒索软件事件。
- 离线存储所有网络安全保单；或将网络安全保单保存在组织可控的环境中，远离潜在的勒索软件团伙可轻松访问的环境。
- 确保保存了必要的联系信息。
- 评估安全保单对组织决定是否支付勒索赎金的影响。

5.3.8　宣告数据泄露事件需要哪些条件

如果发生官方定义的数据泄露事件，就要按法律要求行事。如果法律没有要求，大多数组织都不愿意宣告发生了数据泄露事件。过去，当勒索软件的主要目的是加密文件时，勒索软件受害方组织更容易宣称数据泄露事件并没有真正发生(尽管如此，如果组织宣称数据泄露肯定不会发生，也是令人怀疑的)。现如今，绝大多数勒索软件都会泄露数据，数据泄露事件真实发生的可能性明显增加了。

如前所述，并非所有数据泄露都是真正的数据泄露事件。失窃数据可能不符合"数据泄露"定义所涵盖的范围和定义的数据类型(如 PII 个人身份信息、PHI 个人健康信息等)，或者不在合同需要保护的范围内。失窃数据也可能不是那么重要。多个受害方组织表示，失窃数据要么是陈旧的，要么是不重要的。很多时候，受害方组织会因为勒索软件并未窃取真正关键和有价值的数据而松一口气。

受害方组织需要提前确定哪些因素将迫使组织正式宣告数据泄露事件。如果受害方组织检测/宣告了数据泄露事件，必须在多长时间内报告数据泄露事件，必须向谁报告？再次强调，正式报告数据泄露事件的决策取决于高级管理层和法律团队。

5.3.9　内部和外部的顾问

勒索软件事件中涉及哪些人员？受害方组织全部依靠内部人员处理，还是会使用外部资源处理？如果受害方组织使用外部资源，谁会是外部资源？如果购买了网络安全保险，是需要使用网络安全保险指定的资源，或网络安全保险只是建议了可使用的恢复资源？受害方组织会使用单一资源还是使用不同的团队处理所涉及的不同技术和服务？

必须确保所有参与响应勒索软件事件的人员都具有成功应对勒索软件事件的经验。组织需要提前选定一名勒索软件响应协调员，配备必要的人员将损失降到最低(最小化危害)，当然还要考虑预算的限制。组织当然不想依靠缺乏经验的内部或外部小组处理勒索软件事件。组织需要一位经验丰富的领导者，这名领导者必须一直在勒索软件事件响应现场并指挥勒索软件的应对工作。

> **折中方案**
>
> 大多数勒索软件响应团队预算有限。谁参与响应以及完成什么通常受到资源和预算的限制。即使在最好的情况之下，涉事的组织似乎有无限的预算，也会受到其他方面的制约(例如，时间、是否可用等)。勒索软件事故通常考验领导者在综合考虑各种限制因素的情况下做出最佳决策的能力。组织必须准备折中方案，折中方案是罕有的规避了现实世界约束的可行方案。

无论组织依靠谁来恢复数据，在勒索软件事件发生前请提前与恢复数据服务方建立联系。如果组织还没有与恢复数据服务方建立关系，请首先建立联系。如果需要，帮助恢复数据服务方熟悉组织的响应方案、组织如何看待勒索软件事故以及服务方的责任。当然，一旦组织与恢复数据服务方取得联系，许多勒索软件响应专家会从恢复数据服务方的角度告诉组织勒索软件事故将如何推进。组织甚至可能希望恢复数据服务方在组织的响应方案中提供意见，以便知晓恢复数据服务方是否需要在响应方案中添加、更改或删除任何内容。

5.3.10　加密货币钱包

如果组织支付赎金，就需要考虑如何使用加密货币支付赎金——最可能是比特币。将现金快速转换为加密货币可能很难。传统方法包括以下几种：

- 预先在加密货币交易所建立加密货币账户，并预留余额；
- 预先在加密货币交易所建立加密货币账户，仅在需要的时候才使用；
- 与愿意在需要时"即时"出售加密货币的加密货币代理方合作；
- 通过已经拥有必要的加密货币账户或货币的专门从事勒索软件支付的代理方或谈判方支付赎金。

组织在可信的加密货币交易所(如 Coinbase)建立加密货币账户可能需要一天或更长的时间。组织将非加密货币资金转入加密货币账户可能需要三到五天的时间。通常，勒索软件团伙希望在一到七天内支付赎金。因此，如果组织是第一次建立加密货币账户，就可能遇到时间安排上的问题，而且不包括组织在决定支付赎金后拖延的时间。组织可通过在可信任的交易所预先建立加密货币账户以减少等待时间；然后，只需要等待账户中所需的加密货币到账即可。

组织可从加密货币代理方即时购买加密货币。但一般而言，受害方组织购买和出售加密货币的速度越快，面临欺诈的风险越大，通常涉及更高的交易费用。

始终使用可靠的加密货币来源

不幸的是，加密货币领域充满了欺诈交易和欺诈方。在过去五年中，加密货币用户损失了数十亿美元。即便是以前受信任的货币交易所也多次盗取了用户的资金。因为欺诈方和受害方比比皆是，组织需要确保只使用顶级、成熟和最受信任的加密货币交易所和交易方。

如果受害方组织购买了网络安全保险，请与保险经纪方讨论如何支付勒索软件赎金。由保险经纪方帮助付款，还是完全由组织和事故响应供应方负责？有些保险经纪方会为组织提供服务，如协商和支付赎金；而其他网络安全保险仅提供报销服务。对于后者，组织负责承担从勒索软件事件中恢复的所有相关费用，并可在事后要求报销。虽然这样的保险方案会更便宜，但需要组织保证有足够的资金和资源用于处置勒索软件攻击事件。

如果组织直接面对勒索软件团伙，亲自处理勒索软件付款事项，可能需要 TOR 浏览器以及与勒索软件团伙地址的安全连接。组织使用 TOR 浏览器和连接意味着组织正在连接"暗网(Dark Web)",简单地说,受害方组织能够访问在普通网络上无法访问的网站和服务。虽然暗网中充斥着不道德的网站和服务,但若只是简单地连接,并不需要超出常规浏览器连接的任何技术保护措施;即便如此,组织还是尽量通过隔离的计算机/虚拟机连接暗网,以降低风险。

5.3.11　响应

当然,组织勒索软件恢复方案中最重要的部分应该是实际的恢复步骤。组织想要阻止勒索软件初始的传播、限制危害、从事件中恢复并预防勒索软件事件再次发生。第 7~11 章将介绍各阶段中的每一个步骤的详细情况。

组织的勒索软件恢复响应方案应与组织现有的业务持续/灾难恢复(Business Continuity/Disaster Recovery,BC/DR)方案(如果有)结合,适应和利用现有的策略、工作程序、工具和格式。勒索软件恢复方案是正常 BC/DR 方案的子集。

5.3.12　检查列表

组织最好准备一份总结性的检查列表。检查列表涵盖关键信息,涉及所有勒索软件响应方案参与方,以保证响应团队能够快速参阅。下面是快速检查列表的示例:

- 确认勒索软件入侵。
- 勒索软件事件是否需要全面的事故响应方案和勒索软件响应方案? 如果是,则继续执行以下操作。
- 启动勒索软件响应方案。
- 通知高级管理层和其他参与方。
- 按照方案建立备用沟通渠道(如有必要)。
- 断开可能涉及的设备与网络的连接,包括无线连接。

- 最小化初始传播和危害性(见第 7 章)。
- 启动公共关系沟通方案。
- 确定勒索软件的变化并研究可能的行为(如果可能)。
- 确定勒索软件的危害范围。
  - 涉及的物理位置、设备、数据、系统、加密的内容、数据和凭证的泄露等。
- 如果购买了安全保单，联系网络安全保险公司。
- 打电话给勒索软件响应恢复人员。
- 查询后门及其他恶意软件。
- 确定初步危害程度和已知的后果。
- 召开初始响应会议。
- 决定是否支付赎金；如果是，则应开始谈判。
- 启动恢复方案(见第 8 章和第 9 章)。
- 备份勒索软件加密的文件，以避免错误恢复或用于未来可能的解密(可选项)。
- 确定初始感染途径的根本原因并缓解风险。
- 根据业务影响评估/需求，考虑恢复系统的优先级。
- 决定是否需要解密，是否能完成解密；如果是，则开始解密。
- 决定是否需要恢复备份；如果是，则开始恢复。
- 决定是否需要恢复或重建系统；如果是，则开始恢复或重建。
- 如果组织已经支付了赎金并收到解密密钥，则在隔离的测试系统上开展测试工作。
  - 如果测试成功，并且需要使用勒索方的密钥解密，则支付赎金，获取其余密钥，然后继续。
- 移除后门及其他恶意软件。
- 将系统恢复到已知干净或信任度最高的状态。
- 变更所有可能失窃的登录凭据。
- 继续解密/恢复/还原/重建系统。
- 完全恢复环境。

- 执行事后分析(哪些做得好,哪些做得不好,哪些应该完善)。
- 分析如何预防下一次攻击(见第 10 章)。

上述检查列表可能还不够详细、全面或完整。所有勒索软件恢复方案都应该是定制的。同样,第 7~11 章将做详细介绍。

5.3.13 定义

勒索软件响应方案中使用的所有技术术语,如勒索软件、比特币、加密货币、网络安全保险、多因素身份验证、补丁、网络钓鱼、鱼叉式网络钓鱼等,都必须在勒索软件响应方案中予以说明,以便确保所有阅读人员都能理解技术术语和首字母缩略词。不要假设任何一方或人员都能理解完全所有术语和首字母缩略词。技术术语和首字母缩略词定义可放在方案的开头或结尾,具体取决于组织的偏好。

5.4   熟能生巧

勒索软件响应方案如果不付诸实践,再好也没用。所有相关的参与方和利益相关方都必须审查方案草案并提出添加、更改和删除建议。最终草案获得批准后,所有相关的参与方和利益相关方都要持续地审查和演练。大多数情况下,组织应执行“桌面演练”活动。在演练中所有参与方都要按顺序、亲自或远程履行各自职责,以便帮助所有参与方更好地掌握勒索软件响应方案。

一些最关键的角色和响应工作程序不应仅限于单纯的桌面上的智力演练,演练需要尽可能贴近真实的流程和工具。例如,备份人员应该执行彻底的恢复测试,证明恢复方案的确可执行可靠、全面和最新的恢复。组织应该使用取证工具找出可能存在的恶意软件和行为。利用勒索软件响应方案中的联系信息能否及时与团队成员和利益相关方联系?诸如此类。勒索软件响应方案越是能够实际演练,就越可靠。勒索软件响应方案应至少每年演练一次,在勒索软件响应方案有重大更新时也要开展演练。

> **约束组织中的"牛仔(Cowboys)"**
>
> 大多数组织都有一名或多名在特定技术和解决问题方面表现出色的技术人才。即使表现出色的技术人才同意响应方案,也经常在危机中尝试用自己的方式解决问题。不幸的是,在现实情况中,"牛仔"会在技术上、法律上和公关方面带来很多意想不到的问题。如果"牛仔"能够遵循之前商定的方案,问题本是可避免的。确保所有勒索软件恢复方案参与方都要清楚坚定不移执行既定方案的重要意义,或者即便存在异议,至少应获得团队的批准。

5.5　小结

组织要定义需要参与勒索软件恢复事件的所有主要关键决策、策略、工具、工作程序和人员。将所有信息记录在书面文件中,并确保能在发生勒索软件事件时使用。提前确定如何联系团队成员,敦促所有相关的利益相关方熟悉并演练方案。组织与其坐等勒索事件发生,不如拥有一份全面的、经过实践的勒索软件恢复方案,勒索软件恢复方案可能会帮助组织更快、更经济地恢复业务。

尽管组织已实施了预防控制措施,勒索软件仍可能成功入侵组织的环境。第 6 章将讨论在勒索软件成功入侵组织的环境后,组织有效检测勒索软件的方法。

第**6**章

检测勒索软件

如果组织无法预防勒索软件，退而求其次的办法就是快速检测。有高达 85%的勒索软件受害方组织部署了最新的防病毒软件和其他传统防御措施，但依然受到勒索软件的成功入侵。本章将讨论检测勒索软件的最佳途径，以便组织能够立即阻止勒索软件或缓解(Mitigate)勒索软件的传播与危害。

6.1　勒索软件为何难以检测?

勒索软件在具备保护措施的环境中仍然能得逞的原因有很多。下面将探讨即使已经采用了完善的防御体系的受害方组织仍然受到勒索软件成功攻击的原因。

勒索软件在已经采用了各种传统防御措施的组织中仍然横行无忌的情形令人诧异。众多受到勒索软件攻击的受害方组织已经拥有最新的防病毒软件、防火墙、内容过滤器以及其他常规的防御控制措施，以对抗攻击方入侵和恶意软件。勒索软件在组织认为已受到保护的环境中仍然能得逞的情况有多重原因。下面将讨论勒索软件在具备完善防御体系的组织中造成破坏的因素。

第一，无论广告如何宣传，防病毒与终端检测和响应(Endpoint

Detection and Response，EDR)软件从来不是 100%准确的。在计算机防御领域，没有什么控制措施是既方便又 100%准确的(后文会展开讨论)。如今，任何一家防病毒软件供应方都很难跟上每年新增的大量恶意软件。这并不是说每年都有数以百万计的全新的、独特的恶意软件出现；而是攻击方正在重新设计、混淆和加密上一代的恶意软件，以便每次利用恶意软件时都看起来像新的一样。因此，传统的、基于签名的防病毒扫描器很难跟上恶意软件出现变异版本的进度。扫描器必须能够检测、报告、检查新的恶意软件，然后才能创建可信赖的签名。当这种情况发生时，大多数勒索软件已经重新加密自身，并创建新的签名。在恶意软件新版本的发布和可靠检测之间总是有延迟，这是勒索软件团伙充分利用的。正如第 1 章提到，一旦勒索软件得到机会运行，会不断"回拨(Dialing Home)"，更新自身的软件以免被防病毒扫描器检测到。

第二，防御不可能万无一失。防御方通常难以通过某种安全防护措施为环境中所有的应用程序提供 100%保护。即便给所有需要更新的计算机推送必要的关键补丁，都很少能在第一次就完全成功。无论防御方选择采用何种防御措施，总会有少数计算机无法适用于此种防御措施。原因可能是 Windows 注册表项目损坏，或者设备离线，设备存储空间占满，第三方软件阻碍，用户故意绕过已部署的安全控制措施，等等。无论防御方试图做任何工作保护计算机，都难以 100%部署需要的控制措施。要部署100%能够适用于多种计算机的安全控制措施更是几乎不可能完成的工作。攻击方和恶意软件喜欢看到系统之间存在的矛盾，这样才有机可乘。勒索软件所找到的最初立足点常位于某台缺少关键防御措施的计算机之上。

第三，很多勒索软件一旦激活，就会立即开始搜索并禁用防御措施的保护机制，防止防御措施发出攻击警告。有些防御软件能够特别有效地阻止勒索软件，有些勒索软件会禁用特定的防御软件，其他勒索软件则采用通用的方法，全部禁用数十种通用的防御软件。事实上，识别勒索软件感染的最佳标志之一是不明原因地禁用防御措施，前提是防御方有能力过滤并从合法的活动中分析出恶意禁用情况。

第四，大多数勒索软件日益依赖于在获取初始立足点后，利用脚本、内置软件和命令，以及合法的商业软件等方式，实现其罪恶目的。例如，勒索软件在成功利用漏洞后，最常采用的工具之一是 Microsoft 提供的 Sysinternals 工具包中的 Psexec 程序(见 Link 1)。Psexec 程序已经存在数十年，用于在 Windows 计算机之间远程复制和运行应用程序。不仅合法的系统管理员乐于运行自动化脚本，勒索软件犯罪团伙同样喜欢采用 Psexec 程序。防御程序要区分脚本或程序是执行合法操作，还是有恶意攻击方运行同样的脚本或程序，的确十分困难。

第五，大多数管理员和用户并没有清晰地掌控自身所拥有的系统环境，所以当恶意情况发生时，并不能理解(也不会去调查)是如何发生的。本章将分析并修复这种情况。

第六，持续监测的缺失。很多研究报告，包括备受重视的 Verizon 数据泄露调查报告(见 Link 2)，早已反复指出，如果受到入侵的组织曾经简单地检查自己的日志文件，大多数组织都有机会发现恶意入侵活动。安全事件持续监测工具一直在捕获恶意事件，可惜组织无人关注，或者至少是不够仔细的。

需要正确理解的是，尽管具备"完善保护体系"的组织仍然时常遭受入侵，但运行所有的传统防御措施(包括防病毒软件)仍然是有益的。原因在于即便组织的防御措施不是万能的，但仍能有效抵御一部分恶意软件、勒索软件以及恶意攻击方。就像现在的人们坐在小汽车里总是应该系好安全带，即便平时不会用到安全带的道理一样。

6.2 检测方法

各种传统方法与积极的方法能够帮助组织更好、更快地检测到新型勒索软件。假设组织已经采取了所有传统的计算机防御措施，包括采用防病毒/EDR、防火墙、安全的配置、内容过滤、声誉过滤、防钓鱼攻击和持续监测等。因此，组织关注的重点是对于勒索软件(及其他恶意软件或攻击方)场景特别有效的检测方法。其中一些方法仅以改进的方式利用现有的防御手段，而另一些方法则不是全新的。这一节将展示不同类型的检测方法，供组织从中选择一种或几种可在实际环境中部署的检测工具。

像所有计算机防御一样，组织注定需要在可用程度与安全水平之间权衡。完善的勒索软件防御需要大量的资源、关注以及手工调查。事实上，能够100%自动检测勒索软件的简单方法是不存在的。否则，组织就不会面临当前勒索软件问题造成的严峻局面。

6.2.1 安全意识宣贯培训

绝大多数的恶意数据泄露事件，包括勒索软件成功利用漏洞，往往起源于用户受到欺骗从而提供登录凭证或运行木马程序。研究中(见 Link 3)也发现，所有攻击中有70%～90%是由于社交工程攻击或钓鱼攻击引起的。组织可对管理员和最终用户开展有关勒索软件不同迹象的安全意识宣贯培训(Security Awareness Training，SAT)，这样当最终用户发现潜在的恶意内容时，可报告并让安全团队研究恶意内容是否与勒索软件相关。

管理员和用户应该注意哪些迹象和症状？后续各节将提及各种勒索软件的常见迹象和症状，管理员和用户应掌握有关勒索软件的最新情况。在计算机安全供应方的博客里(如 KnowBe4 网站，见 Link 4a)会反复提及勒索软件的最新情况。管理员和用户也可在网上搜索有关勒索软件的文章，例如，搜索"https://blog.knowbe4.com ransomware"就能够快速得到一个文章列表。组织应确保管理员和用户知晓如何自我学习。如今的勒索软件看起来与过去不同。所有管理员和用户必须时常关注勒索软件的最新状况。

6.2.2 AV/EDR 辅助检测

如前所述，组织应保持防病毒/终端保护响应(AV/EDR)检测处于最新状态。反恶意软件安全工具的确能够捕捉并预防一部分恶意软件和勒索软件。同样重要的是，组织需要意识到 AV/EDR 常常会发现勒索软件正在利用一些看似无关的恶意软件(甚至是合法软件)。如今，大多数勒索软件在非法入侵组织环境时都会利用其他恶意软件、脚本甚至是合法应用程序。多数情况下，组织仅发现环境中出现一套恶意软件或不明原因的脚本，就应该意识到组织可能正在遭受勒索软件的入侵。在很多严重的勒索软件攻击事件中，经常有人在勒索软件开展主要攻击行为之前就能发现相关的恶意软件，却未曾意识到恶意软件的严重程度。组织如何才能知晓与大型勒索软件攻击有关的情况？组织必须加强对全体人员的安全意识宣贯培训。

> **真实事件**
>
> Roger 曾经为一家公司提供咨询服务，客户公司的安全团队在域控制器上开展检测并发现了一套口令哈希值收集工具(Passdupm4)，安全团队兴奋地庆祝这一发现，并移除了这套工具。Roger 向安全团队提出问题：这套工具是如何进入域控制器的，谁在使用工具。安全团队感到很是惊讶，显然，安全团队从未考虑过类似问题。在庆祝之前，本应警笛大作，启动彻底调查，可惜，客户公司的安全团队并没有这样做。几个月后，安全团队才发现多个高级持续威胁(Advanced Persistent Threat，APT)攻击已经攻陷了公司的系统。

6.2.3　检测新进程

检测所有的新进程是最好的检测控制措施，但难以有效地实施。所有勒索软件都会执行新的、未授权的恶意进程。安全团队只需要检测到新的、未授权的进程，进而确定新进程是否合法，就能够检测到勒索软件(以及其他所有恶意软件与恶意攻击方)。从长远看，绝对是说易行难。如果组织能持续监测所有新进程，将一举降低所有勒索软件、恶意软件以及恶意攻击方造成的风险。

然而，困难在于，很少有组织真正知晓整个网络上每台设备运行的进程列表。组织只有确定每台设备(至少是每台处于恶意攻击范围的高危状

态中的设备)运行着何种合法的、已授权的进程，才能针对新出现的进程
发出警告。组织必须调查每项新进程以确定其合法性。图 6.1 总结了基本
的逻辑步骤。

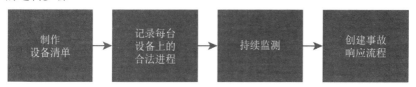

图 6.1　检测进程异常的逻辑流程图

第一步是清点并登记环境中所有设备的资产清单(Inventory)，至少要
包含所有可能受到恶意攻击的设备。包括但不限于所有 PC、笔记本电脑、
服务器、网络设备、物联网设备和专用工具等。

第二步是清点登记每台设备上允许的合法进程。第二步可能很难做
到，也许要依赖不同的设备盘点软件，经过多轮操作才能完成。在清点期
间也要考虑如何界定将来的软件和进程是否合法。

第三步是通过安全工具持续监测进程，用于检测新出现的未授权进程
(或者对现有合法进程未授权的"注入")何时发生。进程包括可执行程序、
脚本、软件库以及其他各种可能受到恶意操纵的可归类为"活跃"的代码
与内容。

第四步需要创建事故响应流程，以便快速调查最近检测到的未授权进
程，得出未授权进程合法或恶意的判断。

对于一切新发现的能够用来隐藏、保存或启动恶意软件的应用程序或
组件都应该予以持续监测，并建立警告机制。例如，在 Microsoft Windows
系统中，恶意软件常把自身安装到注册表中，导致每次 Windows 重新启
动时，也自动启动了恶意软件。或者恶意软件把自身安装成一项新的定时
任务。恶意软件有数十甚至数百种方式在 Windows 上安装自己，以确保
持续运行。

Microsoft 的 Sysinternals Autoruns 程序(见 Link 4b)能够揭示数十个经
过程序修改后能用于"自动启动"的位置，无论程序是否合法。有兴趣的
用户可下载并运行 Autoruns，查看列出的各种位置，以掌握哪些位置已经

在使用中。用户能利用 Autoruns(以及 Syinternals Process Explorer)程序，把清单中的所有进程与 Google 的 VirusTotal 服务一一对比，以确定网络中是否存在曾经已记录在案的恶意进程。Apple、Linux 和 BSD 等系统也有类似的产品提供类似的安全能力。

市场上有各种程序或系统可自动执行上述流程，组织有必要尝试和考虑多种选项。本章后面将介绍实现上述流程的方案，主要包括人工部署、持续监测与调查。如果组织有机会采购某种程序，能完成从盘点库存、建立基线、告警到调查的工作，能尽可能减少人工干预，组织应采用这样的自动化系统。

有诸多计算机安全程序可帮助组织完成多项工作。Roger 很难完整列举出所有重要的程序。下面列出部分程序，可跟踪单独的进程(至少可在部分平台上跟踪)，且试图识别异常进程并告警(列表按照字母表顺序排序)：

- Crowdstrike
- Cybereason
- Elastic
- FireEye
- Fortinet
- McAfee
- Microsoft
- Orange Cyberdefense
- Palo Alto Networks
- Sentinel One
- TrendMicro
- VMware Carbon Black

Forrester 网站发表的一篇报告审查并比较了大量产品(见 Link 5)。用户通常能够前往所列出的供应方的网站，找到并免费下载 Forrester 报告或报告的节选。

最理想的程序应为组织完成清单收集，对于潜在的恶意威胁发出警告，并为快速的隔离威胁提供帮助；能够提供威胁情报，随时更新新出现的恶意进程、破坏指标(Indicators of Compromise)和已知的恶意攻击网络发源地等信息；能够帮助组织追踪某个新近发生的破坏事件，帮助组织详细了解破坏事件在组织环境中移动方式。理想的程序是精巧复杂且高度自动化的。所有组织都应当采用上述产品，来预防和检测恶意网络活动。

防病毒(AV)和终端检测与响应(EDR)

传统的恶意软件检测称为防病毒(AV)或反病毒。新型反恶意程序EDR(Endpoint Detection and Response，终端检测与响应)正日益流行。传统AV 只使用简单的恶意软件特征(即需要探测的特定恶意软件中肯定出现的字节段落)匹配来识别恶意软件并发出警告。当前，即使"简单的"AV程序的功能也远远超过特征对比，而包括复杂特征检查(即，按照检测变形恶意软件的需要替换特征码的不同部分)、启发式检测(行为分析)，并能在虚拟子系统中运行恶意软件，分析运行中的软件。EDR 软件通常更成熟，能够维护和持续监测进程和连接的列表。AV 程序与 EDR 程序之间并没有非此即彼的界限。尽管 AV 和 EDR 各不相同，但基本上普通的 EDR 程序在检测攻击方与恶意软件方面比普通的 AV 程序更准确。因此，很多组织从传统 AV 转而使用 EDR。尽管 AV 的供应方不希望这样，但对于能够承受成本的组织而言，市场明显倾向于 EDR。

重要的提示是很多组织尽管采用了 AV 与 EDR 程序，恶意软件仍成功入侵了组织的环境。防御程序不是 100%准确的。更重要的问题在于，尽管防御程序经常能发现新出现的未授权进程或脚本，但无法自动识别严重程度。为切实地击败勒索软件(以及其他恶意软件和攻击方)，组织必须相当努力地排查、检测、告警并及时调查发现的所有新进程。为完成上述工作，会要求大多数公司至少雇用一位全职员工，大型公司需要多名员工专门承担相关职责。这对于大部分组织而言是很高的要求，但的确是击败勒索软件的必要投入。即使组织无法安排专人 100%有效地完成进程检测工作，也要尽力而为。

假以时日，应用程序控制程序将更加经济实惠

默认情况下，严谨的应用程序控制程序(Application Control Program)可用于阻止所有新程序或新进程。从长远看，严谨的应用程序控制软件将更加经济实惠，更易于使用，更安全。但这个目标也需要专项资源才能得以实现。

6.2.4 异常的网络连接

所有勒索软件都会在遭到入侵的网络内部和外部建立未授权的网络连接。勒索软件总是"回拨(Dials Home)"攻击方，尽管回拨的地址不合法，回拨所用的网络连接却是合法的(网络连接经常指向通用的公开服务，如 AWS，但组织往往无法方便地区分网络连接是否为恶意连接)。

在组织的网络中，大多数服务器并不会连接到其他所有服务器或所有工作站。大多数工作站并不连接到其他工作站。大多数工作站不会连接到所有服务器。域管理器(在 Microsoft 的 Active Directory 网络中)不应该连接到所有服务器和工作站之上。依靠持续监测和对网络运行的了解，经验丰富的安全团队完全能区分合法且获得许可的网络连接，以及各种显然不正常的网络连接。

类似于检测未授权进程，组织需要详细清点并记录合法的、已授权的网络连接，并对异常的连接发出警告。检测异常网络连接和检测异常进程应遵循相同的基本逻辑流程：盘点、记录连接、告警和调查。图 6.2 总结了网络异常检测的基本逻辑步骤。

图 6.2 网络异常检测的逻辑流程图

在前面提到的软件产品名单中，大部分产品在检测新进程时，不但会检测异常进程，也会检测异常的网络连接。另外有些网络流量分析产品是专注于网络连接异常的。其中部分产品如下(按照字母排序)：

- Bro
- Cisco (特别是其 Lanscope Stealthwatch 产品)
- Corelight
- Darktrace
- Flowmon Networks
- Juniper Networks
- Netscout
- Noction

网络异常检测(Network Anomaly Detection)也称为网络流量分析(Network Flow Analysis)、网络行为分析(Network Behavior Analysis)、网络流(Net Flow)、网络情报(Network Intelligence)等。

所有组织都应该理解并掌握合法的网络流量连接方式并调查出现异常警告的连接。

6.2.5　无法解释的新发现

如果组织发现任何无法解释的活动、进程或网络连接与潜在的勒索软件(或其他恶意软件、恶意攻击方)有关，组织应着手调查。其中部分需要调查的情况如下：

- 数据文件的收集和归档。
- 脚本或工具。
- 新近安装的驱动程序。
- 大量文件的改动(如物理位置、属性、权限和加密技术等发生变化)。
- 发现大量文件具有共同的奇怪文件扩展名(如 Readme、Ransom 等)。

- 备份任务的变化。
- 备份加密密钥的变化。
- 系统启动进入安全模式。
- 软件崩溃、操作停顿等。
- 发现设备运行 taskkill.exe、PsExec.exe、Wbadmin.exe、Vssadmin.exe 等工具，但不是日常操作。

以上都是常见的勒索软件损害标志(Indicators of Compromise，IoC)。值得注意的是，有时勒索软件会安装合法但带有缺陷的驱动程序，然后通过利用新安装驱动程序的漏洞，在受感染系统与网络上获取提升的访问权限。见 Link 6 的示例。请注意，即使是看起来十分正常的软件安装也可能用于恶意目的。组织应调查一切新近安装而无法解释的软件。

> **无文件恶意软件**
>
> 许多恶意软件，包括勒索软件，都使用"无文件(Fileless)"方法。这意味着恶意软件不使用传统文件来存储和执行。相反，无文件恶意软件使用注册表或其他混淆方法来存储、隐藏和执行自己。许多人怀疑传统的检测方法能否同样容易地检测出无文件恶意软件。答案是，无文件恶意软件已经存在了几十年(至少从 20 世纪 80 年代末开始，在个人计算机上，第一套个人计算机病毒 Pakistani Brain 就是"无文件")，大多数反恶意软件扫描器较容易就能发现无文件恶意软件。此外，Roger 从来没见过任何一套无文件恶意软件不创建一套或多套基于文件的恶意软件的。无文件恶意软件并不像许多组织和供应方所认为的那样是巨大的威胁。无文件恶意软件确实导致恶意软件检测变得更难，但并不严重。

6.2.6 不明原因停工

以前的检测方法大多数用于检测新的环境组件，如进程、程序、任务、文件更改或网络连接。然而，不明原因的中断也是常见的勒索软件损害标志(Indicators of Compromise)之一，并正在成为快速检测勒索软件的好方

法。组织应调查下列原因不明的停工:

- 防病毒或 EDR 软件
- 防火墙
- 数据库(经常停止以提取数据)
- 电子邮件服务(经常停止以提取大量电子邮件)
- 备份任务(如卷影副本)

组织很难检测出新停止的防御进程或服务是不是由于恶意的原因造成的。停止和重新启动服务的情况时有发生,其中,绝大多数都不是由于恶意原因所造成的。例如,组织重新启动设备,就会停止并重新启动服务。许多服务定期停止自己的工作,执行例行的、合法的维护。

组织检测恶意软件的关键是要判断和预警发生更高风险的情形。一种方法是查看应用程序日志文件,确定哪些服务停止和启动是正常的、经常重复的,然后查看异常停止或启动的服务。另一种方法是只在出现与设备关闭无关的停止时发出警告。或者,只有在防御服务关闭(与重启无关)且在之后的 30 分钟内没有重新启动时才发出警告。即使不是恶意停止,组织也应对此开展调查。

另一种技术是采用 keep-alive(保活)监测技术。keep-alive 是包、进程或工作程序等组件,日常为防御检测引擎生成流量。如果未收到 keep-alive 数据包,则表明所涉及的服务可能存在问题。例如,如果防病毒软件每天扫描所有文件一次,则所有涉及的设备都可在自身安装 EICAR(Link 7)测试文件。安装 EICAR 文件的目的是测试防病毒软件,此时,任何安装了 EICAR 文件的系统都应生成防病毒警告事件,就像检测到真正的恶意文件那样。如果没有警告,如杀毒软件已禁用,则表明组织需要调查有关事件。许多先进的计算机安全部门使用 keep-alive 技术来调查未按预期定期报告的服务。

6.2.7 积极持续监测

各种检测控制措施都要求管理员了解所管理的设备和网络上哪些是

正常的，哪些是不正常的。本质上，所有组织都应研究勒索软件的损害标志(Indicators of Compromise，IOC)，并关注损害标志的实例。本章前面列出了许多最常见的问题。

为成功地检测勒索软件，需要积极地开展规划、研究和持续监测。然而，大多数组织并未这样做，因此，勒索软件往往能获得胜利。不要成为勒索软件的受害方。组织应了解在环境中的其他端点上运行和连接哪些组件，检测和研究所有异常情况并告警。如果组织没有足够的人力资源完成此项工作，就购买软件或服务帮组织完成。如果什么都不做，则意味着组织遭受勒索软件攻击的风险将大大增加。

组织必须明白，开展进程和网络连接的持续监测工作并不容易且成本不低，即使组织已具备人力资源或持续检测工具，情况依旧如此。由于持续监测工作会消耗巨大的人力资源或费用，因此大多数组织(包括大型组织)可能不会持续监测进程和网络连接情况。

需要明确的是，如果组织不能做好持续监测，则会显著增加攻击方或恶意软件成功入侵的风险。能够做好持续监测的组织受到成功入侵的风险要小得多。许多组织没有人力资源来做好进程和网络的跟踪工作，只是购买所谓 EDR 和备份解决方案的最佳组合，以此希望得到最好的结果。如果可能的话，不要仅靠"希望"来保护组织免受入侵。组织应该配备优秀的 AV/EDR 解决方案、完善的备份解决方案，同时要做好进程和网络异常检测工作。

6.3 检测解决方案的示例

组织使用任意企业版 Microsoft Windows 服务都能够非常轻松地实施解决方案。解决方案使用 Microsoft 的 AppLocker 应用程序控制软件，在仅审计模式(Audit-Only Mode)下，检测新的进程并发出警告。

Microsoft 的 AppLocker 自 Windows 7/ Windows Server 2008 以来一直包括在 Windows 中。AppLocker 取代了 Windows XP 的软件限制策略，可

看作 Microsoft 在 Windows 10 中推出的 Windows 卫士应用程序控制软件 (Windows Defender Application Control)的"简化版"。AppLocker 可通过 PowerShell、本地或 Active Directory 组策略，或者像 Windows Intune 这样 的移动设备管理服务来部署配置和控制措施。本示例展示如何使用本地组 策略来执行配置和部署控制。

第一步是启动并配置 AppLocker。在 Start | Run 提示窗口中，输入 gpedit.msc，按回车键。这将显示本地组策略编辑器。在编辑器控制台中 找到 Computer Configuration | Windows Settings | Security Settings | Application Control Policies | AppLocker，如图 6.3 所示。

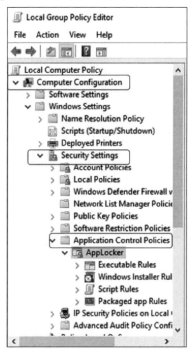

图 6.3 用本地组策略编辑器打开 AppLocker

这应该生成一组 AppLocker "规则"选项，如图 6.4 所示。

图 6.4　AppLocker 规则类型

通过单击并启用复选框，可分别启用每一种规则类型，如图 6.5 所示。出于测试的目的，分别对所有规则指定 Audit only 模式，而不是 Enforcement 模式。

图 6.5　在 AppLocker 中启用 Audit Only 模式

如图 6.6 所示，AppLocker 将允许管理员创建一组"基线(Baseline)"规则，这允许所有现有的可执行文件在不创建安全事件的情况下执行。此时，当前安装的任何程序都可在不创建安全事件的情况下运行。

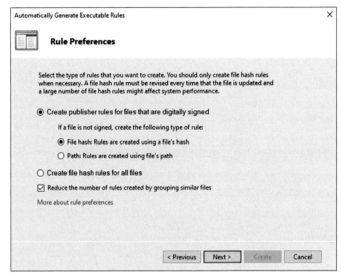

图 6.6 即将在 AppLocker 中创建的基线规则

图 6.7 显示部分自动生成的基线规则的示例。

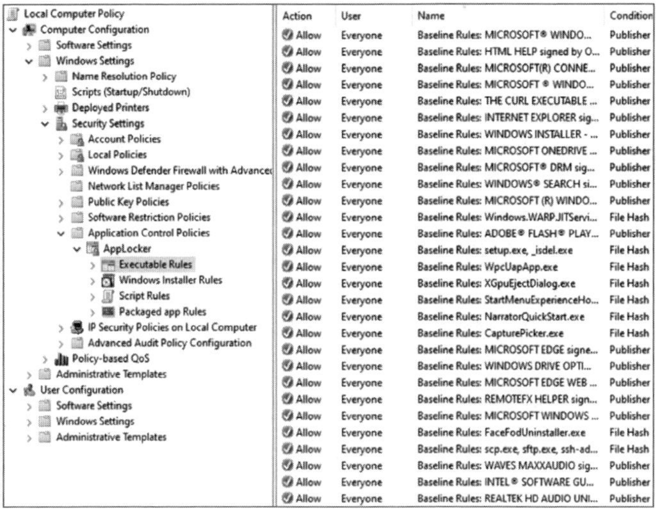

图 6.7 AppLocker 基线规则结果的部分示例

要启用 AppLocker 持续监测进程，必须启用 Windows 中的应用程序标识(Application Identity)服务。一旦启用服务，任何违反现有基线规则的执行或安装活动都将生成一条 8003 警告消息(如图 6.8 所示)并写入 Windows 安全事件日志中；其中，警告信息将详细说明违规的可执行文件、设备、物理位置以及涉及的计算机和用户。

图 6.8　AppLocker 事件日志的 8003 警告示例

在部署 AppLocker 作为主要新进程检测工具的环境中(如本节所述)，应该仔细检查所有 8003 日志信息警告，直到确定运行的应用程序是否合法为止。在设备系统环境中，组织应将所有 8003 日志消息收集到公共数据库，然后告警，通知管理员或调查人员开展调查工作。

所有 8003 事件都可能有进一步的自动化配置，包括向相关用户发送"形式化(Form)"的电子邮件，询问用户是否安装了新的、未解释的可执行文件。或者，将涉及的可执行文件发送到谷歌的 VirusTotal 或用户的反恶意软件供应方以便开展进一步分析。无论使用哪种工具，概念都是相同的。组织应弄清楚在环境中能够运行什么，检测异常并执行调查。

即使在中等规模的组织中，每天检测到的新进程的数量也可能非常多。组织可通过禁止普通终端用户安装新程序(取消其管理员或 root 账户)来减少此类问题，但普通终端用户仍然可能安装大量的新程序。组织可能需要花费数小时，才能确定哪些是合法的、哪些是非法的程序。许多组织在阻塞模式下使用应用程序控制软件来减少新安装和未经批准的执行程序。其他组织使用 EDR 程序，其中大多数 EDR 程序都内置了很多功能，包括判断哪些行为是恶意的，哪些行为不是恶意的，等等。然而，即使是最好的 EDR 程序也无法比拟人工研究的准确程度。

最后，组织需要做出最终决定。如果需要人工研究每一款新执行程序和安装的程序，将耗费大量人力。如果用一套安全工具程序来完成分析和研究，准确度可能会有所下降。有时，人员数量和安全预算的限制将迫使组织做出选择。更好的选择是在阻塞/强制模式下使用应用程序控制软件，但即便如此，组织也需要雇用足够数量的安全专家。

所有组织，无论如何都应该努力掌握并控制组织环境中的程序和网络连接。不管组织如何开展工作，都需要大量资源。但组织还是应该努力掌握并控制环境中的程序和网络连接，才可能降低受到攻击方或恶意软件攻击的风险。正因为大多数组织没有投入足够的资源来检测和处理网络异常，勒索软件才如此猖獗。

6.4　小结

本章总结了各种检测方法，如终端用户感知、反恶意软件检测、新进程检测和网络连接，以检测潜在勒索软件、其他恶意软件或恶意攻击活动。第 7 章将讨论防御方在第一次意识到勒索软件成功入侵组织的环境时，应采取的初始行动。

第 **7** 章

最小化危害

在本章中，假设组织检测到大规模的勒索软件攻击，并且刚刚开始响应勒索事件。当组织激活勒索软件响应方案时，应立即联系所涉及的团队成员，组织需要立即评估危害的范围并将危害最小化。最小化危害是勒索软件响应工作最初 24 小时的主要目标。

7.1 初期勒索软件响应概述

在受害方组织激活勒索软件响应方案后，首要任务是阻止勒索软件的进一步传播和破坏。接下来确定勒索软件所涉及的初始范围和危害。然后，组织应立即召开正式团队会议，讨论团队具备的知识能力，制定并激活更多响应决策。图 7.1 以图形方式展示初始任务。

受害方组织通常可在 24 小时内完成勒索软件响应方案初始阶段的所有工作，但根据环境、资源、时间和响应情况，实际上可能需要更长时间。勒索软件最令人讨厌的行为之一是大多数勒索软件故意在深夜、周末和节假日发动攻击。恶意攻击方希望尽可能将勒索软件造成的伤害最大化，并迫使防御响应的行动时间更长，效率更低。下面将更详细地介绍勒索软件事件的初始响应工作。

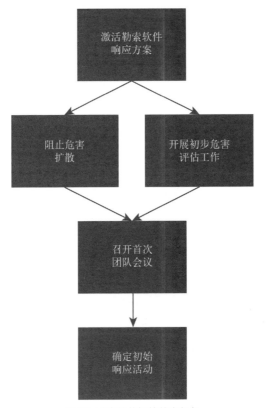

图 7.1　勒索软件初始基本任务

权衡缓解措施的成本效益

　　目前没有任何"绝对正确的方式"可用于权衡勒索软件。受害方组织需要权衡各种应对措施和缓解措施的建议，并自行开展风险评估工作。适用于特定组织的响应方案可能并不适合其他组织。对于大多数组织而言，当看到"关闭所有设备"或"关闭所有网络"时，可能就是正确答案。而对于其他组织而言，可能并不是绝对正确的做法。不同组织的领导方都需要根据组织自身的实际情况做出合理的风险决策。

7.2 阻止进一步扩散

前两项任务，即阻止危害扩散和开展初步危害评估工作，通常是同时开展的。为阻止勒索软件的传播，需要评估不同类型的设备、不同的地点以及受影响的方式。

尝试采取两种不同的缓解措施：①阻止勒索软件传播，避免已感染的设备受到更大的危害；②尝试阻止病毒扩散到尚未感染的其他设备。

初步危害评估将揭示一台或多台受到勒索软件影响的设备。在至少一至两台受影响设备上，组织将很快确定哪里出现问题。勒索软件展示了哪些信息？拍张照片。尝试着帮助响应人员快速取证检查。文件真的已经加密，还是只是恐吓？能否看到任何未加密的文件？组织是否大致掌握正在发生的事件？

7.2.1 关闭或隔离已感染的设备

组织在初步评估危害后，大多数情况下，组织将希望关闭或隔离所有已感染的设备，以防止危害横向扩散。组织有时要关闭或隔离其他看似未受影响的设备，以预防未受影响设备也受到攻击或危害。

在勒索软件响应事件中，组织需要做出将受感染计算机关闭还是隔离的重大决策。许多指南(Guide)和专家只建议隔离已感染计算机。事实上，专家担心关闭设备会导致丢失取证证据，可能移除位于内存中的勒索软件加密密钥。

部分勒索软件响应建议采取折中方式，如网络安全基础架构安全局(CISA)提供的建议(见 Link 1)。CISA 建议只关闭无法断开网络连接的设备，而保留可断开网络连接的设备。CISA 的想法是，关闭所有设备的电源，无论是粗暴关闭的还是平稳地关闭电源，都会清除易失内存中潜在有价值的证据。这是合理的考量。

"全面断电"方法更多考虑的是组织内部可能处于加密或危害中的设

备，通过关闭设备尽可能地保存大量数据和服务。如果组织确定真正面对的是"数据擦除(Data Wiper)"事件，即恶意软件很可能造成无法恢复的危害时，就是"全面断电"最有意义的场景。在实际发生勒索软件事件的情况下，当组织掌握勒索软件的运行机制后，可能会有不同的响应方法。

实际上，从纯粹的危害角度看，在大多数勒索软件场景中，无论关闭电源还是保持开机，二者之间的差异通常并不显著。在事故响应初期时，已经产生了大部分的危害。然而，如果可能的话，快速响应并关闭设备可能减少勒索软件所带来的危害，而且，取证不是组织首要考虑的问题。有时，组织在早期响应阶段就已注意到勒索软件攻击，此时，勒索软件尚未造成大规模危害。最终，组织的勒索软件响应团队负责人员将判断是否真正发生了勒索事件。

> 当组织有疑问时，保持设备处于运行状态并隔离。大多数勒索软件响应专家推荐这样的策略。保持受感染设备处于运行状态，可保存关键取证证据，也能帮助设备在以后更容易地操作，因为大部分危害已经发生了。当有疑问时，谨慎行事，继续运行已感染设备(但要隔离)。

如果组织决定关闭设备电源，请不要按照正常流程关闭设备，除非组织确定不按照正常流程关闭设备将导致无法恢复或产生更严重且不可恢复的危害。组织需要权衡"软(Soft)"关机的潜在风险，以及如果不立即关闭系统，勒索软件可能造成的危害。组织的目标是将整体危害降至最低。

7.2.2　断开网络连接

组织的所有人员都同意，应该尽快从网络中断开所有可能受到影响的设备；要知道，在网络恢复之前，将无法对受影响设备执行取证等远程任务。组织应断开所有可能连接的网络，包括以下网络示例：

- 所有互联网出入连接口
- 所有有线及无线网络连接

- 潜在短距离网络，例如，蓝牙、NFC 等，因为勒索软件可能会在相关软件中继续破坏或传播

在断开网络连接之前

勒索软件团队可能已经建立了新的网络连接方案，以便在受害方断开网络连接时保持连接。

1. 断开网络接入点连接

禁用网络连接的最佳方法是在网络接入点禁用网络，而不是在设备上物理禁用网络。如果操作正确，组织可在最短时间内快速断开所有设备的网络连接，并能在有所限制的情况下更加容易地恢复网络连接。如果物理断开本地设备的网络连接，除非再次实际接入物理断开的设备，否则无法重新启用网络。

组织如果通过采用网络汇聚层(如路由器、交换机或 VLAN)禁用网络，则能更方便地根据需要禁用和重新启用设备、端口、源以及目的地。当组织掌握勒索软件是如何运作和建立网络连接时，就能采用更精细的方式重新启用网络，允许远程取证或恢复业务，同时阻止恶意软件通信。

如果组织不能采用网络汇聚层禁用网络，请禁用设备网络，确保同时禁用有线和无线网络连接。具体操作方式因操作系统和实际情况而异。如果不能通过网络接入点断开设备连接，并且规划关闭设备，那么在关闭之前，应当尽快禁用设备的网络连接。这样，当设备重新联机时，默认禁用网络，在准备就绪之前不会自动允许设备的网络产生流量。

熟能生巧

无论组织决定以何种方式禁用网络，都需要提前仔细思考和演练。组织不希望在勒索软件事件发生后再考虑要完成哪些工作以及如何开展。相反，组织需要确切地知晓要完成哪些工作以及如何开展，只有在这样紧急响应的情况下，组织才能"百炼成钢！"

在最理想情况下，防御方应拥有一份网络资产列表方案，网络资产列表方案列出了所有设备及网络接入点上的所有网络连接。防御方可利用网络资产列表尽快断开网络连接，确保断开的网络连接包含所有可用网络接入点及设备。提前列出网络接入点、禁用网络所需命令，甚至可能采用自动化脚本来快速完成全局网络断开流程。

2. 假设不能断开网络连接

在特定情况下，关闭整个网络并不是一个可行的选项。几乎所有受到勒索软件攻击的组织最初都有相同的感觉。对大多数受害方组织而言，关闭整个网络似乎是不可能的，但不关闭网络(或所有可能受影响的设备)意味着要承担额外的扩散危害和服务中断的风险。大多数组织认为不可以关闭整个网络。然而，从风险角度看，如果组织选择关闭网络的话，情况可能会更可控。

极少数组织会在关闭网络时造成更严重的危害，因为关闭的风险远远超过勒索软件危害所造成的风险。假如运行导弹防御系统的组织，突然关闭工业控制系统，则会造成实际物理损失。部分公司，尽管知道风险增加，却不会关闭网络。对于特殊情况而言，组织仍然应该尝试断开尽可能多的不必要网络连接和服务。只需要更加精细的操作并确定网络关闭的优先级。如果可能的话，考虑关闭以下非必要类型的网络连接：

- 联网入口和出口，或将连接限制为几台设备
- 任何非必要设备
- 连接到非必要的存储设备
- 任何处于"同步"的连接，如 Microsoft Exchange ActiveSync、Microsoft OneDrive、Dropbox 和 iTunes

勒索软件团伙通常拥有组织所有成员的登录名与口令，包括设备和网络上的最高权限账户(如管理员、域管理员、根账户、服务账户等)。禁用特权账户或更改口令，以预防攻击方、脚本和恶意软件利用用户的账户与口令。

切断设备电源和断开网络的关键是预防现有恶意软件及在线攻击方

连接对现有受损设备造成更大程度的破坏，避免传播到其他设备。在组织证实已受损的设备恢复正常之前，不应重新启动设备和网络或解除隔离。

7.3 初步危害评估

组织正试图快速确定勒索软件涉及哪些设备和服务、受到攻击的程度、涉及哪些物理位置以及数据和凭证是否失窃。组织不强求得到 100% 准确的结果，但组织的确希望在最初的评估中尽可能得到准确结果。以下是需要评估和报告的事项类型：

- 涉及的操作系统平台
- 物理位置
- 各种类型设备
- 各种角色(如服务器、工作站、数据库服务器、Web 服务器、基础架构服务)
- 漏洞利用模式
  - 受影响系统是随机的，还是之间有关联?
- 存储设备——仅限服务器、仅限网络驱动器、仅限映射或共享驱动器使用
- 仅本地存储或云存储数据和服务
- 涉及云存储
- 云服务
- 涉及的便携式介质，如 USB 设备
- 受影响的备份
- 涉及的电子邮件服务器
  - 邮件是否遭到窃听
  - 是否存在恶意电子邮件"规则"将邮件复制到外部电子邮件地址?
- 数据泄露
  - 是否涉及数据或凭证泄露?

- 攻击方对环境的熟悉程度
  - 攻击方是否掌握组织人员的姓名与角色?
- 恶意文件
  - 是否发现恶意脚本、恶意程序,意外的大型存档文件(如 gz、zip、arc 等)?
- 来自勒索软件攻击方的通知和信息

7.3.1　会受到的影响

组织需要确定哪些设备和服务受到影响并应列出清单,以确认必受影响、可能受影响、未受影响的设备和服务。

组织掌握哪些设备和服务不会受到影响与掌握哪些会受到影响同样重要。此外,即使设备或服务目前没有直接受到影响,也要考虑已间接受到影响或在未来受到影响的可能性。例如,如果攻击方已经影响 Active Directory 域控制器,攻击方可能没有足够的访问权限控制工作站及其他服务(如 DNS、DHCP 等),也无法在用户访问个人网站时捕获口令。组织需要掌握哪些设备和服务肯定会受到影响,哪些可能会受到影响,哪些没有受到影响。通常情况下,设备显示严重错误,但错误可能与其他已感染的设备连接问题有关,显示错误的设备并没有受到破坏。

7.3.2　确保备份数据有效

组织定位备份数据并验证备份数据的完整程度是非常重要的。备份数据完整程度及恢复能力需要达到 100%。许多受害方组织只是开展粗略的检查工作,就认为备份数据是完好无损的,但当组织需要使用备份恢复数据时,才发现备份数据已无法使用。最重要的步骤之一是,以 100%的准确程度开展备份数据验证工作,因为更多勒索软件响应取决于备份数据是否可靠。如果云端数据受到破坏,那么组织还能找回已知、干净的数据吗?如果云端数据受到影响,请通知云服务供应方,了解可以恢复哪些数据。

在攻击期间，组织可能需要暂时停止备份数据，以免感染病毒的文件意外地备份到已知安全的备份数据中。

7.3.3　检查数据与凭证泄露征兆

勒索软件攻击方声称窃取了哪些数据？攻击方是否发送"活动证据"(如数据样本)？组织应检查系统日志以查看攻击方的攻击痕迹。如果组织拥有数据防泄露(Data Leak Prevention，DLP)系统，请检查是否有攻击痕迹。能找到大文件吗？在攻击初始阶段，首要任务是确认攻击方是否已导出组织的数据或凭证。有些勒索软件组织会谎报、夸大攻击方数据泄露的能力，并试图恐吓受害方组织。受害方组织应确认或反驳数据泄露事件。话虽如此，大多数声称窃取数据或凭证的勒索软件组织实际上已经是这样做了。如果发生数据泄露事件，失窃的数据是否需要"官方"发表声明，宣布数据已泄露？

7.3.4　检查恶意邮件规则

电子邮件服务器和客户端，特别是 Microsoft Office 365、Microsoft Exchange 和 Microsoft Outlook(还有 Apple Mail、Gmail、Thunderbird 等)允许创建规则、表单或过滤器，攻击方可利用规则、表单或过滤器恶意窃听或执行恶意操作，例如，转发消息副本或删除消息，以隐藏恶意活动迹象。检查是否存在流氓规则、表单或过滤器对组织而言总不会有坏处。Microsoft 创建 PowerShell 脚本来检查 Office 365 实例中的所有自定义规则和表单，脚本位于 Link 2。脚本来自白帽黑客论坛 SensePost，用于检查 Microsoft Exchange 环境规则和表单(见 Link 3)。这里没有介绍 Gmail 及其他环境脚本，但有技术能力的脚本编写员应该能够在需要时编写脚本。

7.3.5　对勒索软件的了解程度

组织应掌握勒索软件和攻击方的哪些信息？是否了解正在利用的勒索软件，包括版本？勒索软件是否曾经公开报道过？历史受害方组织谈判进展如何？勒索软件团伙的要求是什么？勒索软件团伙要求如何付款？给出初始倒计时间是多少？勒索软件团伙要求采用哪种类型的加密货币支付赎金？加密货币钱包地址是什么？钱包地址是单个还是多个？

对于加密的数据，是否有机会在没有备份或没有勒索软件解密密钥情况下解密数据？导致勒索软件加密程序失效的原因有很多。攻击方认为已经成功加密数据，但由于某种原因，勒索软件并没有加密数据。组织可尝试利用快速解密网站，查看解密密钥是否在解密网站之上；例如 Link 4。

组织需要掌握关于勒索软件的关键名称及版本，如果可确定关键信息，那么对于组织决定下一步工作如何开展是非常有价值的。

7.4　首次团队会议

组织在初步缓解并阻止危害扩散后，需要与所有相关团队成员召开首次团队会议，尽量了解攻击基本事实。如果组织规划邀请外部顾问参与，那么，首次大型会议就是邀请外部顾问参与的最好时机。根据外部顾问角色，外部顾问可能想要主导本次会议并需要知道问题的答案，以提高效率。

同样，需要回答的关键问题是：

- 勒索软件有哪些诉求和已知细节？
- 是否阻止了更多危害？
- 设备是处于关机还是开机状态？
- 是否禁用网络，是通过哪种方式禁用的？
- 危害程度(如平台、物理位置、角色、数量、涉及的设备类型)？
- 是否已经知晓勒索软件在环境中存在多长时间？

- 是否已经知晓勒索软件是如何渗透进环境中的?
- 除了勒索软件之外,组织是否还发现其他恶意软件?
- 对业务有何影响?
- 数据或凭证是否已经泄密?
- 已知涉及的勒索软件以及版本?
- 备份数据是否安全并经过验证可用?
- 最新备份数据的日期和时间(对于受影响的每台设备和角色)是什么?
- 目前有其他第三方知道勒索软件攻击或服务中断? 有其他意外泄密吗?
- 如果组织已购买网络保险,是否已通知保险经纪方或承保方?
- 目前谁参与勒索软件的事故响应工作,正在开展哪些工作?
- 最主要的未知因素是什么?
- 哪些因素最不利于事件响应?
- 对团队有利的事项是什么?

当然,任何相关细节都应该在此时分享。重要的是评估哪些工作事项有关联,哪些工作事项没有关联。不同类型的服务和角色将需要不同的事故响应专家处理。

7.5　决定下一步

目前,组织已经掌握勒索软件的危害范围以及处理方式,这将保证下一步做出更明智的决策。关键的初始决策包括:
- 首先需要按优先顺序恢复哪些系统?
- 需要执行哪些更多的初始步骤?
- 是否还需要开展其他工作来阻止危害扩散?
- 根据已加密或已受攻击的数据,是否可在不支付赎金或获得解密密钥的情况下恢复原始数据?

- 如果数据或凭证已经泄密，事故响应意味着什么？是否需要支付赎金以预防被盗数据和信息泄露，即使备份数据是可用的？
- 组织会支付赎金吗？如果需要支付赎金，是否有专业谈判人员参与？
- 受影响系统会得到修复吗？是完全恢复已知的数据副本，还是重新搭建？
- 需要哪些内部团队？内部团队的工作地点在哪里？期望的工作时间有多长？
- 需要更改哪些登录凭证以及何时更改？
- 是否需要聘请恢复专家？是否考虑专家的时间、效率、预算等？
- 公关如何回应？需要通知哪些相关方？
- 关键路径是什么？项目方案是什么？
- 是否需要召开更多会议？哪些参与方(如专家、高级管理人员)必须参加，还是只召开常规团队会议？
- 下次会议在什么日期召开？

7.5.1 决定是否支付赎金

组织到底是否需要支付赎金？这是需要确定的重大问题。同样，即使数据可以从备份中恢复，也可能因为额外的数据泄密风险而迫使组织支付赎金。未来所做的许多工作都因组织是否需要支付赎金而定。

请记住，大部分受害方组织，即使支付赎金也无法恢复所有数据。当然，获得解密密钥的受害方组织往往能恢复更多数据。

7.5.2 恢复还是重新部署

组织如果选择恢复系统(例如，解密数据、删除已知恶意软件、更改登录凭证等)，系统依旧完全可信吗？还是必须重新开始部署所有业务系统，采用之前的所有软件？选择完全重新部署所有受影响系统是最安全、风险最小的方案，是唯一保证以前泄露的凭证不会重复泄密的方案，也是唯一确保没有其他隐蔽的后门软件潜伏在系统的方案。重新部署所有业务系统能避免攻击方再次利用组织的系统程序执行攻击行动。

恢复与重新部署

一切从零开始重新部署是一种恢复措施类型。但本书的术语recovery(恢复)用来描述恢复方法，包括所有不完全重新部署或替换的措施。

话虽如此，大多数勒索软件攻击方是可以信任的，一般而言，勒索软件攻击方不会重复攻击已支付赎金的受害方组织。如果勒索软件攻击方得到赎金后再次攻击相同的受害方组织，并将信息传播出去，选择支付赎金的受害方组织将越来越少。如果受害方组织支付赎金后，攻击方不再重复攻击受害方组织，对于攻击方而言更为有利。

受害方组织决定重新开始部署可能导致严重的、昂贵的、痛苦的停机时间。尽管知道不重新部署会增加攻击方留下恶意软件的风险，但许多受害方组织决定接受风险，只做恢复。受害方组织需要选择，是通过简单的恢复活动来修复业务系统并相信攻击方没有留下其他恶意软件，还是完全重新开始部署业务系统？这并非双项选择。受害方组织可能决定重新部署受影响的业务系统，而对于其他系统而言，受害方组织要么恢复、要么静观其变；具体取决于组织的业务影响、资源、时间和风险接受程度。如果组织要确保在未来获得网络安全保险，需要考虑重新部署业务。部分保险公司不会为历史受害方组织提供保险，除非受害方组织重新部署业务系统。重新部署与恢复风险的决策如图 7.2 所示。

总之，如果组织能够很好地完成初始响应任务，则组织和团队就会开始对所收集信息和商定好的未来道路充满信心。虽然存在一定的压力和不确定性，但最初成功的勒索软件响应，加上有了很多已知文件和已做出的关键决策，将有助于降低勒索软件造成的损失。

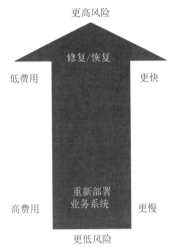

更高风险

修复/恢复

低费用　　　　更快

重新部署
业务系统

高费用　　　　更慢

更低风险

图 7.2　重新部署与修复/恢复风险决策

在暴风雨中镇定前行

镇定的组织通常能做出更好的决策。在出现大规模服务中断的大型勒索软件事件中，组织要保持冷静是非常困难的。然而，如果是领导方，则试着表现出自信和冷静的气质；身边已经有很多压力极大的团队成员了。如果领导方表现出冷静和自信，将帮助周围的团队成员更加平静。如果领导方表现出忧虑、紧张和不自信，只会导致在其他团队成员身上加速产生同样的感觉；倍感压力的团队成员更加紧张，并给没有压力的团队成员带来潜在压力。反之亦然。如果表现出镇定与自信，将给组织带来平静。优秀的、完善的、经过实践检验的勒索软件响应方案有助于大家镇定下来。

7.6　小结

本章涵盖勒索软件响应初始任务，包括阻止危害扩散，收集初始信息，召开首次团队会议并决定下一步的工作安排。第 8 章将讨论后续步骤。

第**8**章

早期响应

本章将介绍在初步阻止勒索软件的进一步破坏后，应采取的相关措施。包括检查组织当前对勒索软件的认知、需要额外做出的关键决策以及其他早期响应活动。总之，本章涵盖勒索软件响应的第二阶段，但不包括大部分恢复任务。

在本章中，假定组织已启动了勒索软件响应方案，且项目团队已识别并阻止了勒索软件的进一步横向传播，迫使勒索软件无法造成更大危害。同时，对于勒索软件已造成的现场危害，本章也将假定按照最坏的情况讲述。

8.1 响应团队应该知晓的事项

现在，组织应再次整理并记录关于勒索软件攻击的已知信息，包括以下内容：

- 哪些资源受到了影响？
- 哪些资源似乎未受影响？
- 已受影响与未受影响的资源(如物理位置、操作系统、角色、网络、共享服务、账户等)存在哪些共性联系？
- 是否存在仍可正常使用的资产，具体包括哪些？
- 是否存在仍在正常运行的网络，具体包括哪些？

- 是否有资产或网络在降级运行？
- 当前涉及哪些项目团队？当前正在执行的任务，以及后续要执行的任务有哪些？
- 当前哪些人员知晓攻击事故？
- 当前的攻击事故已通知了哪些人员，哪些人员已意识到组织发生了安全事故？
- 当前的沟通方案是什么？响应团队还在等待什么，并准备与哪些人员和组织沟通？
- 是否存在数据(包括电子邮件、登录凭证、员工或客户信息等)泄露风险？
- 当前已识别出哪些恶意可执行文件？
- 是否有受害方组织成员与勒索团伙联系过？勒索团伙有没有联系过受害方组织？如果有，勒索方传达了什么信息，提出了哪些要求？
- 勒索团伙索要多少赎金？
- 支付方式是什么？
- 备份系统是否可靠且已验证？
- 哪些事项未按方案实施？原因是什么？
- 最棘手的问题和挑战是什么？
- 还有哪些悬而未决的问题？
- 是否还有任何其他值得注意的数据点(Data Point)？

以上列出的条目应有据可查。组织应更新项目方案，按优先级顺序列出事故响应中仍未完成的关键事项。组织应列出需要解答的主要遗留问题，总结调查结果，与响应团队交流已知的信息，并允许团队更新和纠正当前对于安全事件的理解。

保证团队意见一致

在早期响应阶段，Roger 曾多次向受害方组织的事故响应团队提出过重要问题，结果却从不同的团队成员那里得到了相互矛盾的答案。对于简单问题而言，例如"组织联系过勒索软件团伙吗？"，组织的事故响应团队经常给出截然不同的答案。这不仅令人尴尬，而且表明事故响应团队成员之间缺乏有效沟通、未能共享信息，或者没有朝着同一个方向努力。组织应确保所有团队成员都知晓并共享所有重要信息，特别是在做关键决策或与外部团队合作之前。方法之一是设立一个中心化的联络中心(Central Contact Point)，并指示所有团队成员通过联络中心交互信息。联络中心则承担收集、汇总并定期分发所有已知关键信息的职能。例如，组织通过全员均可访问的 wiki 系统或电子表格的方式来共享已知信息，并指示团队成员每小时查看一次 wiki 系统以获取最新信息。

8.2　应牢记的若干事项

应牢记如下的若干重要事项。因为在早期响应阶段，很多受害方组织会将工作做得一团糟，或者误解下列事项的重要程度。

- 数据加密往往不是组织唯一需要面对的问题
- 可能造成声誉损害
- 可能导致人员解雇
- 情况可能变得更糟

下面将详细介绍上述每一事项。

8.2.1　数据加密往往不是组织唯一需要面对的问题

很多受害方组织关注的是勒索软件加密数据所造成的本地的、逻辑上的危害。但是组织更应铭记，超过 70%的勒索软件也会窃取数据，数据类型涉及业务、员工、客户数据以及身份凭证。通常情况下，通过互联网快速搜索，受害方组织就能获知当前正在应对的勒索团伙或勒索软件是否经常涉及数据泄露行径。如果勒索团伙或勒索软件以泄露数据而臭名昭著，那么受害方组织应假定勒索方一定已成功窃取了受害方组织的数据。勒索软件响应团队的负责人员应在事故的初始阶段就提醒利益相关方注意泄露风险。谈及勒索软件时,组织和个人往往仅关注数据加密的部分,而忽视了可能涉及的其他因素。

第三方法律责任也可能是相关因素之一。网络安全保险行业的历史统计表明,第三方支付赎金占据了所有网络安全保险索赔案例的近三分之一。第三方责任涵盖了受上游网络和数据安全事故影响的下游利益相关方与客户受到的危害。最低限度而言,常见危害包括针对产品或服务中断、数据隐私、监管防护以及媒体责任方面所造成的实际或可识别的危害。

很多受害方组织也因数据隐私问题而受到起诉。隐私问题也是受害方组织被诉的最主要原因。Link 1 提供了两起实例信息。

尽管不常见,但也曾发生过下游客户因服务和产品交付中断问题而提起诉讼的情况。Link 2 提供了一起案例。

甚至有驳回的诉讼声称,勒索软件攻击造成了本可避免的病患死亡事故,例如 Link 3 中所记录的一起针对医院的攻击实例,Link 4 提供了另外一起实例。

虽然看起来大多数诉讼似乎与医疗健康相关,但各行各业都存在受害方组织受到起诉的实例(见 Link 5),包括云服务提供方(见 Link 6)、企业股东(见 Link 7),以及交通运输管理局 (见 Link 8)等。

对于所有勒索软件受害方组织而言,如果持有或保存了他人的隐私数据,组织都应承担较大的法律责任。这就是为何对于所有勒索软件恢复所涉及的各项活动,所有受害方组织都需要确保其法律顾问全程参与其中的原因。

8.2.2　可能造成声誉损害

即使受害方组织未受到客户或第三方起诉,也可能受到一定程度的声誉损害。尽管大多数受害方组织能承受早期的声誉损害,从而恢复业务并继续保持收入增长,但也并非一贯如此。的确曾有受害方组织因勒索软件攻击而导致业务下线,无法持续经营,最终关门大吉。

有些受害方组织在事故初期就能迅速恢复运营,但声誉损害持续存在，有时甚至会延续数年。可参考 Equifax 公司的实例；安全行业认为 Equifax 实例是有史以来规模最大的数据泄露事故之一（见 Link 9）。时至今日，仍有潜在的客户和数据泄露受害方组织拒绝与 Equifax 公司开展任何商业活动。虽然在财务表现上，Equifax 公司比发生数据泄露事故之前好一些，但假如没有经历有史以来最严重的数据泄露事故，Equifax 公司今天的表现会好得多。确切地说，在数据安全和隐私保护方面，Roger 不认为 Equifax 公司做得比多数潜在的受害方组织差，但经过媒体传播的 Equifax 数据泄露事故所造成的负面影响却难以消除。

8.2.3 可能导致人员解雇

受到财务和声誉损害的组织也常倾向于推卸责任，当然有些问责也确实不恰当。如果是由于某位雇员的作为或不作为而导致勒索事件的发生，那么这位雇员的职业生涯可能受到影响。如果雇员所在的组织是乙方服务公司，则对受害方组织的安全防护解决方案负有一定责任；甲方很可能终止当前合作，转向与乙方公司的竞争对手开展合作。且乙方公司的下游客户也很容易流失，转而采用其他供应方的服务。

> **慎于担责**
>
> 如果有人指出当事方的作为或不作为是导致安全事故的原因，请当事方务必慎重，不要急于"勇敢地"承担指责。很多人士可能认为主动担责是合乎道德的"正确做法"，但 Roger 保证，任何律师都会告诫当事方不要这样做。接受指责更可能导致当事方受到解雇，而不是帮助当事方个人留下勇于担责的美名。然而，这并不意味着发现当事方的直接决策或行为与事故直接相关时当事方个人却永远否认任何责任。只是对于主动担责，当事方一定要慎重，至少要先与律师沟通后再作决定。接受指责可能导致当事方在面临诉讼时处于不利的境地，背负更多专业与个人方面的法律责任。在诉讼调查流程中，起诉方的律师也更倾向于寻找书面证据，以证明当事方承认过事故的责任。

组织开展勒索事故的事后反思(Post-mortem，指复盘)工作是积极有益的，包括为什么勒索攻击能够成功、怎样做才能更有效地阻止勒索事故发生，以及如何开展勒索软件事故响应工作。组织应分析责任，总结经验教训，开展事后反思与评估工作，这样通常会发现诸多有待完善的事项。一般而言，勒索软件安全事故不是由个体错误造成的。

8.2.4　事情可能变得更严重

很多勒索软件事故的受害方组织会认为组织自身人员当前的认知已涵盖了一切相关事项，包括所有已沦陷资源、危害和失窃数据等。例如，受害方组织人员确信，在多次得到保证后，组织自身的备份是安全的，可用于恢复组织的业务运营。但很多时候，现实却恰恰相反，提供最初保证的员工往往没有意识到数据备份可能存在重大问题，例如，加密时使用了未知的密钥，或者备份数据损坏已长达数周乃至数月。

基于上述初始保证，有些受害方组织会直接拒绝甚至嘲弄勒索团伙，组织相信一切尽在掌控之中。然而，组织常常低估了危害蔓延的范围与程度。勒索团伙往往会卷土重来，变本加厉地索要更多赎金。

> **任何情况下，都不要蔑视勒索团伙**
>
> 有些受害方组织在应对安全事故时，会有意或无意地严重冒犯勒索团伙，以至于勒索团伙将受害方组织视为仇敌，并导致受害方组织遭受最严重的危害。有些时候，勒索团伙即使并未立即展开报复，也会酝酿仇恨，在未来实施报复。总之，嘲讽勒索团伙从来没有任何好处，受害方组织绝对不能意气用事。

很多受害方组织认为自身组织当前所面临的情况已不太可能变得更严重。而据 Roger 所知，很多受害方组织因此拒绝支付赎金，结果却发现勒索团伙控制受害方组织网络、系统和数据的能力远超预期，或者勒索团伙声称其还掌握了受害方组织最有价值的机密数据，并要求加倍支付赎金。

Roger 也曾见过勒索团伙展开报复，并造成更大损失的情况，包括攻击受害方组织的客户、员工以及发起大规模的分布式拒绝服务(Distributed Denial-of-Service，DDoS)攻击。勒索团伙通常会利用所有可用的手段和工具展开攻击，进而导致受害方组织无法承受的运营中断、财务以及声誉方面的损失。部分勒索团伙在一开始就采取最具破坏力的攻击手段，而其他勒索团伙则会在受害方组织首次拒绝支付赎金后才会升级攻击手段。

这里有一条很有用的经验法则，就是假定在攻防博弈中，还存在针对受害方组织的未知因素，且攻击方手上可能还有额外的筹码。因此，受害方组织应始终谨慎行事。

8.3　重大决策

此时，组织应首先做出重大决策，以推动其他决策和行动。以下各节将详细讨论其中的重大决策。

8.3.1　业务影响分析

在未来的某个时间点，受害方组织会将受影响的业务重新上线。此时，响应团队应已完成业务影响分析(Business Impact Analysis，BIA)，如果没有，也请尽快完成。大多数情况下，BIA 会基于运营和财务目标列出应按顺序恢复的各种关键任务系统。组织应编制一份带编号的清单，从首要恢复所需的依赖系统开始记录。

大多数应用程序和系统都拥有多个支持依赖项，如网络、IP 地址、DHCP、DNS、安全系统、身份验证系统、数据库、中间件、前端系统等。组织应找出首先需要启动的系统(别忘记电子邮件、帮助台、电话等)及其所有依赖项，以上依赖项应保证率先进入干净就绪状态，以便依赖系统能够正常上线。核心基础架构(Core Infrastructure)始终是需要首先恢复的系统之一。

在大多数涉及勒索软件的场景中，响应团队并不知道哪些登录凭证已失窃。应假定所有不受 MFA(Multi-factor Authentication,多因素身份验证)技术保护的凭证均已失窃。这意味着,组织需要更改当前网络设备、基础架构、计算机安全设备中所有的非多因素身份验证口令以便能够再次使用设备。组织应从最基础的部分开始,根据依赖关系链依次启动,直到确保高优先级的系统和应用程序重新上线为止。

有时,低优先级系统也可排在高优先级的系统之前重新上线,且工作量也少得多。如果响应团队能够同时处理多个恢复任务,那么将易于恢复的系统提前安排恢复也有一定的正面意义,至少可以鼓舞团队的士气。

8.3.2 确定业务中断的解决方法

勒索事故会导致信息系统完全或部分失能。在主系统无法上线的情况下,业务将如何运营?在现有的灾难恢复/业务持续方案(Disaster Recovery/Business Continuity Plan)中应该已记录了相关对策。例如,可能要通过人工电话处理客户请求并使用纸张记录新的交易,也可能要通过采用纸质信用卡表格,写下信用卡号码,或使用物理压卡机制作信用卡[1]。受害方组织的业务是否可通过替代应用程序(例如,现有的基于云平台或移动应用程序)来运营?所有的替代方案都应编制完善,并记录在现有的准备方案中。如果没有,那么现在就应启动头脑风暴,并测试替代方案。

8.3.3 确定数据是否已经泄露

是否能够确定或排除数据泄露的可能性?如果勒索团伙窃取了数据,具体是什么数据?由于超过 70%的勒索软件团伙都涉嫌数据盗窃,鉴于大量的反面证据,组织应假设关键数据已失窃。很多时候,勒索团伙都能下载并窃取数据,但这并不是最具破坏力、最严重的情况。如果勒索团伙声

---

[1]译者注:物理压卡机是一种传统设备,用于给信用卡表面刻上凸起的卡号和持卡人姓名等信息。这种设备通常由商家或银行使用,用于制作实体信用卡,通过凸字刻印在卡片上来提供可读的信息,此方法已经不太常见,现代信用卡更多采用磁条、芯片等技术存储和传输信息。

称已经盗取了组织的数据，是否曾提供相关证据？关键分类的数据是否失窃，一定会迫使受害方组织支付赎金吗？如果数据已失窃，组织能否确认数据已经发生公开泄露？

8.3.4　确定能否在不支付赎金的情况下解密数据

在少数场景下，即使组织不支付勒索赎金，也可能成功解密数据。尽管能够解密数据的情况相当罕见，但是，组织知晓这类场景，也不会有什么坏处：

- 勒索软件存在漏洞，并未真正加密文件。
- 勒索软件解密密钥存放在特定网站上，受害方组织也知道如何获取并使用密钥。
- 勒索团伙公布了所有解密密钥。
- 在加密过程中，持续监测应用程序记录了勒索软件主密钥。
- 受害方组织可在受影响设备的内存中找到解密密钥。
- 执法部门已经掌握了勒索软件的解密密钥；这是联系 FBI(联邦调查局)和 CISA(网络安全基础架构安全局)的有益示例。

下面将详细介绍上述每一种场景。

1. 勒索软件存在漏洞

在有些案例中，由于各种原因，勒索软件并没有加密文件。有些情况是因为勒索软件中存在若干缺陷，导致勒索软件根本不起作用。有些情况是因为遭受入侵的防御系统成功阻止了加密。在其他情况中，安全措施或配置也会阻止勒索软件，迫使勒索软件无法成功加密文件。因此，请组织始终检查并确认勒索团伙声称已加密的文件是否的确已加密。

2. 勒索软件解密网站

互联网上有一些解密网站(如 Link 10)，可提供若干勒索软件的解密密钥。其中部分网站，如 No More Ransom，比其他网站更有信誉。但很多网站的信息都非常滞后，且持续数年都未更新。通常，解密网站所涵盖的勒索软件已多年未再使用。

　　大多数受害方组织能做的最佳措施是以勒索软件名加上字符串"解密密钥(Decryption Key)"为关键字在互联网上快速搜索，看能否找到有用的解密网站。最好聘请经验丰富的勒索软件响应专家开展信息搜索。有些解密网站会要求受害方组织上传已加密文件。针对此种情况，请组织确保所有上传的文件都不是机密文件，因为响应团队不能无条件信任要求上传文件的站点。有些解密网站会要求提供加密货币地址，然后将地址与解密网站正在跟踪的勒索软件关联。

　　Link 11 是可帮助提供解密服务的网站的示例。

　　互联网上有数十个类似的网站。

3. 勒索团伙公开解密密钥

　　某些情况下，勒索团伙也会自行公布密钥。很多时候，无论出于自愿还是非自愿，勒索团伙声称将金盆洗手，并且公开所用的主密钥。类似的事情已发生了多次，包括新闻报道的案例(见 Link 12)。

4. 从网络上嗅探勒索软件的密钥

　　防御系统可能通过捕捉遭受入侵的计算机与勒索软件的 C&C (Command-and-Control)服务器之间通信的网络数据包，从而成功获取一个或多个加密密钥。Link13提供了一个如何使用Wireshark嗅探流量的示例。

　　在网络上嗅探加密密钥虽然可行，但由于大多数勒索软件使用 HTTPS 协议通信，因此受害方组织设备与勒索软件控制服务器之间的所有流量都是密文形态。要成功嗅探流量，应在受害方组织计算机上安装网络报文解析器，或将网络架构设计为可支持查看受 HTTPS 保护的数据包的内部信息。即便如此，这也绝非是组织能够轻易达成的防护手段。

　　问题在于，当今大多数勒索软件对所有文件或文件夹都使用不同的加密密钥，并且加密密钥由另一个或一组主密钥加密保护。由于很难破解主密钥，因此，嗅探得到的任何加密密钥都只能用于单个文件或文件夹，而且，平均每台受害设备的文件数都超过 100 000 个，这就意味着在解密流程中需要针对海量密钥不断嗅探并反复测试。

不过，如果恢复人员正试图为某个特定的重要文件或文件夹寻找对应的密钥，则可考虑上述解决方案。但对于大多数受害方组织而言，即使仅恢复一套系统的工作量也是难以承受的。更重要的是，请组织切记，数据泄露才是主要威胁，而数据加密并不是受害方组织唯一担心的问题。

5. 声称可提供解密服务的骗子公司

所谓的"勒索软件恢复"公司真正存在的问题在于，虽然骗子公司声称不必支付赎金即可恢复加密的数据，但基本上都是谎言。很多类似的骗子公司声称其拥有不凡的能力，可在不支付赎金的情况下恢复加密的文件，但骗子公司真正做的工作只是通过支付赎金来获取解密密钥，并欺骗受害方组织支付比赎金高得多的费用。Link 14 提供的信息就曝光了骗子公司刻意掩盖的现象。

有如此多的受害方组织求助于骗子公司，以至于 Roger 有时会怀疑这是否出于偶然，因为受害方组织要么是不了解骗子公司的实情，要么是出于不可告人原因而愿意与骗子公司合作。毫无疑问，受害方组织并没有意识到，承诺帮助受害方组织解决勒索问题的骗子公司确实存在欺诈问题，至少关于如何恢复加密数据的方法上存在不实的陈述。

虽然有些公司的官方与公开立场是绝不与勒索团伙妥协，但在勒索事故发生后，出于各种考量，却不得不低头。尽管 CEO、董事会或行业监管机构等已规定不得向勒索团伙妥协，但受害方组织很可能发现仅凭自己的力量已无法恢复业务数据。因此，尽管最初承诺不支付赎金，但为了取得最好的结果(例如，尽快恢复业务运营)，受害方组织仍决定秘密支付赎金。与存在欺诈行为的勒索软件恢复公司合作，能够帮助受害方组织掩饰上述行为，即使东窗事发，也能找到冠冕堂皇的理由予以否认。

6. 获取了解密密钥时的处理方式

如果组织已经取得解密密钥，请不要直接在生产环境下测试数据恢复工作。反之，应首先备份解密数据，并在外部搭建的并行系统中执行最初的数据恢复操作；例如，可借助虚拟机环境，因为虚拟机(Virtual Machine, VM)环境易于隔离，且可按需重新启动和部署，是理想的测试环境。

不要轻信解密软件

注意，勒索软件的解密程序本身就可能存在错误，甚至包含恶意软件。不要相信任何第三方构建的软件，尤其是来自攻击方的软件。请组织首先备份待解密数据，在虚拟机中运行并测试解密软件，直到证明解密流程是安全且有效的。业界有很多关于勒索软件的解密程序不起作用的报道。还有更多关于从互联网下载的"解密程序(Decryptor)"无法正常工作的案例，甚至还有案例称解密程序中包含恶意软件并造成更大危害。很多安全专家建议永远不要在原始受害计算机上执行恢复操作，应在备用计算机或虚拟机中测试全部恢复流程。这样能最大限度地降低风险，并可能保存原始受影响计算机上的取证信息。如果组织决定这样做，则需要备份原始计算机的数据，并将加密数据恢复到与原始计算机软硬件配置完全一致的备用计算机上，保证备份计算机可基于恢复后的数据继续运行应用程序。

7. 为保险起见，保存加密数据

出于种种原因，受到加密的数据不太可能总是解密成功。并非所有勒索团伙都能保证其解密软件完美无瑕。即使响应团队现在决定完全不解密数据，也可能需要保存加密数据的副本，以应对勒索软件团伙、执法部门或其他数据恢复组织在未来公布解密密钥的情况。

组织如果能在不支付赎金的情况下解密数据，则是一件幸事，请立即记录成功经验并与团队成员分享。然而，即使受害方组织不必支付赎金也可恢复数据，仍可能基于其他原因向勒索团伙支付赎金。成功解密数据与决定是否支付赎金是勒索软件恢复流程中的两个不同阶段，尽管两者之间通常存在关联。

8.3.5　确定是否应支付赎金

关于组织决定是否支付赎金时需要考虑的因素，已在前几章中予以详细介绍。但在当前的响应阶段，可能尚未做出是否支付赎金的决策。组织所做出的支付勒索赎金与否的决策，将在后续行动中引发一系列截然不同的应对方法。

1. 不支付勒索赎金

大约有 40%～60% 的受害方组织会基于各种考量，决定不支付赎金。很多情况下，这是一个伟大的决定。如果大多数组织最终都做出这种决定，勒索软件就不会像今天一样猖獗。然而，不幸的是，又有如此多的受害方组织选择向勒索团伙妥协。支付赎金与否，应根据不同受害方组织的情况来具体决定。

如果受害方组织有能力支付赎金却考虑拒绝支付，应确认以下问题：

- 是否能够使用其他方法重建或恢复系统和数据，或者能在没有数据的情况下确保正常的业务经营。
- 如果受害方组织希望恢复受影响的系统，是否所有需要的备份都已确认安全可靠。
- 从备份中恢复所有损坏的系统需要的估计时间，或者重建需要的估计时间，是否都已经过确认。
- 数据或凭证是否已泄露，且是否会导致员工或客户出现问题。
- 是否考虑了不支付赎金可能导致的声誉受损或法律问责。
- 是否考虑过一旦勒索团伙的要求得不到满足，可能招致进一步的损失与勒索。
- 是否考虑过，同一勒索团伙会在未来再次发起攻击，导致当前的恢复努力付诸东流(支付赎金通常意味着同一勒索软件团伙将不再攻击同一受害方组织)。

上述因素并不是试图说服所有受害方组织支付或不支付赎金。是否支付赎金应取决于受害方组织的具体情况。以上因素和考量可能成为组织忽视或放弃支付赎金的关键因素。例如，即使受害方组织最初并不想支付赎

金，但是基于以上因素的考量，最终也可能决定支付赎金。组织决策方需
要充分理解上述因素所带来的后果。

　　如果组织拒绝支付赎金，请在恢复数据和系统的同时，记录此项决定，
并告知团队成员。

2. 支付赎金

　　如果受害方组织考虑支付赎金，以下因素应纳入考量：

- 勒索方最初要求的勒索金额是多少？
- 勒索团伙最初给定的支付期限有多长？
- 在此前发生的历史事件中，这个勒索团伙在得到赎金后，是否曾提
  供解密密钥？解密密钥和解密软件是否能够完全恢复全部加密数据？
- 受害方组织支付赎金是否合法？
- 如果涉及网络安全保险或执法机关，网络安全保险或执法机关是否
  同意支付赎金？
- 受害方组织是否有能力支付全部赎金？或者关于勒索金额是否存
  在协商空间，以保证受害方组织有能力支付赎金？
- 受害方组织需要多久才能筹措到足以支付勒索的金额？
- 如何与勒索团伙沟通？
- 赎金如何支付？采用哪种加密货币？通常是比特币(例如，在所有
  已知的勒索事件中，勒索团伙要求勒索软件受害方组织采用比特币
  支付赎金的比例占到 97%)。
- 涉及的加密货币地址是什么，在哪里付款？
- 是否会雇用专业的勒索软件谈判专家？
- 是否涉及加密货币交易所？如果涉及交易所，从发起转账支付到所
  交易的加密货币可用之间的延迟时间有多长？
- 是否需要创建加密货币账户或钱包？
- 为在暗网(Dark Web)上通信，是否需要设置 TOR 浏览器？

　　谈好勒索金额后，勒索团伙需要提供解密密钥可用的证据。此时，勒
索团伙可能要求受害方组织再支付少量赎金以彰显相互信任。支付赎金

后，勒索团伙将提供若干个密钥用于解密数据。

假如还是发生了数据泄露，则应要求勒索团伙提供泄露数据的生命周期证明。如果确实发生了数据泄露，受害方组织需要再次向勒索软件团伙确认，勒索团伙应在赎金支付后彻底删除失窃数据(尤其当彻底删除数据的要求是支付赎金的关键条件时)。尽管有些勒索团伙会忽视此请求，但一开始就向勒索团伙表达出受害方组织对于彻底删除数据一事的重要关切并没有什么坏处。

如果受害方组织决定支付赎金，通常使用加密货币支付。如果以加密货币支付，实际支付的人员应确认支付的细节，尤其是支付的账户/密钥，因为向错误账户支付的款项通常是不可追回的。的确存在有受害方组织将赎金支付到错误账户并永远失去这笔资金的情况。勒索团伙的成员并不会因为受害方组织的失误而减免赎金。支付人员最好多次确认攻击方提供的付款细节，然后测试向勒索团伙支付小额付款，并让勒索团伙确认收款结果。接下来，在大笔款项付款流程中，应先安排两到三名人员检查并确认付款的详细信息，然后再行提交。

记录所有赎金支付、测试和涉及的细节。与响应团队保持沟通。确保每一笔赎金的支付记录在案，并将支付记录转交受害方组织的税务和财务人员。支付赎金通常可以免税。

8.3.6 确定是恢复还是重建相关系统

另一个关键决定是针对受影响的系统，采取重建的策略还是仅恢复即可。正如第 7 章所述以及图 7.2 中总结的那样，从网络和数据安全的角度看，重建的风险要小得多，但执行起来通常比简单的恢复要慢得多，而且成本更高昂。通过恢复处理，可以删除勒索软件、重新更改口令、识别并删除其他恶意修改(如果能发现的话)。尽管这是风险最高的选项，但大多数勒索软件受害方组织仍选择恢复而不是重建，并接受大多数相关设备的残余风险。对于不选择重建所涉及的风险，很多勒索软件受害方组织也并没有正确理解。而有些受害方组织则因为时间、金钱以及其他资源的限制而被迫选择重建。

8.3.7　确定勒索软件隐匿的时长

在受害方组织的设备和环境中，勒索软件已隐匿了多久？知道这个答案，对于决定采用恢复还是重建的方案至关重要。勒索软件隐匿的时间越长，风险越大。勒索软件在系统中隐匿期间，经常会试图搜寻并窃取口令。

受害方组织应假定在勒索软件的隐匿期间，无论是通过键盘输入的还是存储在口令管理器和浏览器中的口令均已失窃。隐匿时间越短(例如，几分钟或几小时)，意味着勒索团伙及其恶意软窃取的机密信息越少。

很多恶意软件仅会初步、粗略地检查口令(有时仅在侵入的前 15 秒内)，然后立即在受害设备上加密数据。此类恶意软件要么不泄露数据，要么并不寻求额外的探测与攻击。较短的隐匿时间意味着较低的风险。

8.3.8　确定根本原因

对于受害方组织而言，付出巨大努力用于调查勒索软件如何获得初始访问权限是至关重要的。受害方组织通过查看日志文件和登录记录，以识别未授权的活动。未授权的活动与一套或多套恶意软件或脚本关联，并且通常涉及未授权的登录。检查新安装的程序脚本以及相关登录操作的各种时间戳，通常能够确定恶意软件首次出现的时间和位置。这一调查结果可用于引导组织分析勒索事故的根本原因。

正如第 2 章所述，大多数勒索软件通过社交工程攻击方法来获得初始root 访问权限，其次是利用未打补丁软件的漏洞，再次是通过猜测远程管理服务的口令(或者攻击方本来就知道口令，无须猜测)。防御方可检查系统的日志，以发现是否存在潜在的恶意活动。如果找不到根本原因，防御方应该假设恶意攻击方使用了本段开头所列的三种主要入侵手段。

对于防御方而言，找到勒索软件入侵的根本原因是至关重要的。因为如果相关漏洞仍未修复且受害方组织尚未支付赎金，那么勒索软件团伙很可能会再次利用此漏洞实施攻击。针对上述三种基本的、最常见的勒索软件入侵手段，采取措施缓解风险是至关重要的。这有助于阻止当前和未来潜在的勒索软件攻击。

受害方组织通常会深陷在勒索软件恢复的具体工作中无法自拔，以至于组织不关心或无法专注于分析并确定勒索软件攻击的根本原因。据 Roger 所知，首次遭受勒索软件攻击的受害方组织如果忽视且不掌握攻击的原因，则更可能再次受到攻击。通常，再次攻击的后果也更加严重。

8.3.9 确定是局部修复还是全局修复

对于勒索攻击的恢复，受害方组织通常会选择如下两种策略之一。局部修复(Point Fix)是指有些受害方组织希望对当前计算机安全策略的调整做到最少，以便尽快恢复业务。选择局部修复的受害方组织只想恢复业务运营，并维持现状。而选择全局修复的受害方组织则将本次攻击视为一记警钟，帮助组织有机会审视网络和数据系统的整体安全态势(Security Posture)。

全局修复倾向于重新定义和改善受害方组织的网络和数据系统安全态势，并帮助网络和数据安全变得更具长期韧性(Resilient)。例如，局部修复仅会重置所有口令，而全局修复则会调整口令策略，从使用单一口令转向部署多因素身份验证技术。

局部修复的受害方组织仅对攻击所涉及的软件系统打补丁，予以修缮。而全局修复的受害方组织则会改进全部已有的补丁管理措施。局部修复的受害方组织仅启用 Windows 的日志记录功能，而全局修复的受害方组织则会购置终端检测和响应(Endpoint Detection and Response，EDR)软件，以及安全信息与事件管理(Security Information and Event Management，SIEM)服务或产品。局部修复的受害方组织只会为业务恢复和运行提供最低限度的保障，而全局修复的受害方组织会借此机会开展更加严格的风险评估活动，并寻求在恢复过程中修复系统所有的漏洞和安全隐患。

如果非要说这两种策略都具有同样效果，那显然是不切实际的。全局修复策略，即更加全面地审查组织的整体网络和数据安全是首选方法。如果组织想要迫使攻击方和恶意软件长期远离业务环境，采用更加全面的策略才是上策。

当然，天下没有免费的午餐，更全面的策略很可能在短期内更加昂贵与耗时。修复千疮百孔、漏洞重重的环境并建立强大的网络和数据安全文化需要时间、资源和金钱。组织如果执行了更加全面的评估并修复了所有的安全漏洞，则更有可能避免勒索事故再次发生，并且在总体上能够在应对恶意攻击时表现更好。如果发生了勒索软件入侵事件，则受害方组织应尽可能利用这次事件作为契机以提升组织的网络和数据安全水平。

8.4　早期行动

无论前面的决定如何，现在都需要实施多项进一步的响应措施。以下是在整套响应处理流程中，当前阶段需要开展的一些关键行动。

8.4.1　保存证据

在大多数勒索软件恢复场景中，保存证据都是至关重要的步骤。通常意味着在受影响设备恢复或重建之前，要先制作取证副本，并保存内存快照。保存证据是恢复流程中的关键步骤，不但有助于处理法律问题，还有助于组织确定勒索软件入侵的根本原因。

8.4.2　删除恶意软件

如果所有可能受勒索事件波及的系统组件和数据都不是重新开始构建，并且项目团队正着手恢复受影响的资产，则还需要识别并删除勒索软件和与之相关的所有程序、脚本和工具。如何执行重建活动取决于受害方组织现有或新购买的网络和数据安全软件。大多数勒索软件都有特定的通用名称或名称模式,很容易识别。受害方组织可使用人工删除,也可使用 EDR 等反恶意软件扫描程序来删除勒索软件。

此时此刻,组织的系统和数据可能处于断开网络的状态,甚至可能还未加电启动,但是,需要连接每台可能受影响的设备,并运行安全扫描工具。如果采用本地 USB 设备,请组织确保设备处于"写保护(Write-Protected)"状态,从而迫使通过 USB 方式传播的恶意软件无法复制,进而避免横向感染其他内网计算机。

如果是通过网络访问控制节点(Network Access Control Point)控制网络通断,并且设备仍然处于加电(Powered On)状态,技术人员可限定网络连接,保护被扫描设备只能与扫描计算机和必备的网络基础架构(如 DNS、DHCP、活动目录等)通信,并开展远程扫描工作。在此过程中,需要阻止除扫描流量之外的所有通信连接。

组织应该找出所有相关的恶意软件文件、脚本和工具。应在受影响的主机、服务器、域控制器和存储磁盘上搜寻不寻常的、难以解释的文件。应将反恶意软件检测工具设置为最敏感、苛刻的检测模式,并运行扫描工具。还有,组织应检查是否存在异常的、难以解释的网络连接。当然,如果项目团队不理解何为正常状态,则将很难识别异常进程(Process)和连接。

注意,如果存在疑问,无法完全确信是否已删除了所有潜在的恶意程序、脚本和工具,请重建所有未清理干净的存疑对象。无论如何,重建是彻底消除风险的首选方法。

针对 Windows 计算机

Roger 是微软免费工具 Sysinternals(见 Link 15)的忠实粉丝。Roger 也特别喜欢可用于取证分析的 Process Explorer、Autoruns、TCPView 和 Process Monitor 等工具。Process Explorer 和 Autoruns 能够检查恶意软件并将运行状态的进程发送至 Google 的 Virus-Total.com 网站,VT 网站可通过 70 多种不同的防病毒产品执行恶意软件扫描。TCPView 支持将正在运行的可执行文件与相关的网络连接简单快速地关联。当然,也有更好的工具,但上述工具都是免费的,而且很容易使用。如果安全专家所在的组织没有其他更专业的取证工具，那么取证工具对于 Microsoft Windows 系统而言非常必要。

8.4.3 更改所有口令

响应团队应假定，在勒索软件的隐匿期间，系统中所有正在使用的或存储的口令都已泄露。在不久的将来，组织应更改所有涉及的口令，包括网络登录名、电子邮件口令、系统账户、守护程序账户、特权用户、Web服务器、Web 服务等。对于员工出于各种原因使用的所有口令，无论是存储在系统中的还是需要手工输入的，都需要更改。存储在浏览器或口令管理器中的全部口令也都需要更改。所有系统、网络、特权账户和电子邮件口令都需要在删除所有恶意软件之后，重新接入互联网之前完成口令更改。

删除所有可能窃取和泄露口令的恶意软件、工具或脚本后，需要更改口令。更改口令的目的是防止恶意软件泄露有效口令。一旦删除完所有恶意软件、工具和脚本，请立即更改口令。更改顺序应该先从遭受提升权限的账户、服务、守护程序等开始，然后是有助于自动化和加速勒索事故恢复的账户。当用户重新访问净化后的系统时，应强制要求吊销旧口令并重新设置口令。

8.5 小结

本章涵盖了在阻止勒索软件的初步危害和传播(参见第 7 章)之后，需要立即完成的关键决策和任务。介绍了首要恢复的系统与依赖项，以及恢复时机。还讨论是否可在不支付赎金的情况下恢复数据、是否需要支付赎金，分析入侵根本原因、数据泄露相关事项，讨论确定恶意软件隐匿时长、删除恶意软件以及更改全部口令等相关议题。第 9 章将更详细地介绍如何恢复遭受侵害的环境。

第9章

环境恢复

本章将讨论如何从勒索软件攻击事故之中恢复组织的 IT 环境。假定受害方组织已经解决了勒索软件(Ransomware)威胁并且已经删除了所有其他相关的恶意可执行文件。本章与第 8 章中所阐述的内容一脉相承。组织要么支付赎金，要么拒绝支付赎金，而且组织已通过各种方式恢复数据。勒索软件和攻击方团伙将不再构成威胁。在本章中，将介绍如何恢复(Recovery)与重建(Rebuild)网络、数据和各种主流的业务运营平台。

本章假设组织的整个环境，或大部分环境，受到了勒索软件的影响，而且组织正在执行全面的环境恢复任务。如果勒索软件事件只对系统局部产生影响，则组织应当适当地修改勒索软件响应方案。

9.1 重大决策

组织仍然需要做出两个主要决策，这两个决策在前面的章节中已有介绍。为继续推进勒索软件响应工作，组织现在仍需要做出决策。这两大决策分别是恢复(Recovery)与重建(Rebuild)，以及推进恢复工作的先后顺序。

9.1.1　恢复与重建

第 8 章讨论了恢复与重建的问题，但本节将再次讨论，因为恢复与重建问题通常是需要事故响应团队反复面对的决策，而不仅是在响应初期所做出的决策。

首先要做的决策之一，是恢复已沦陷的、可能已沦陷的设备和数据，还是开始重建组织的系统与数据。如前所述，从安全角度看，从零开始重建是最安全的答案，但从资源和时间的角度看，重建可能是成本最高的。采用恢复方式时，意味着从已沦陷的设备中移除当前和未来可能的攻击介质，以便组织能够获得可信的设备，而不必重建所有设备。

组织可基于单台设备或单个应用程序的实际受损情况做出恢复与重建的决策。这不是二选一问题；不是全有或全无的极端答案。例如，组织可决定从零开始重新构建网络设备和客户端工作站，并恢复 Microsoft 的活动目录(Active Directory)和域名系统。根据组织的实际情况，所选的决策应是符合安全水平和成本效益分析的最佳组合。

> **留存证据**
> 如前几章所述，大多数受害方组织应在开展恢复/重建流程之前尽力保持司法取证证据(Forensic Evidence)。这不仅有助于解决法律问题，而且能更好地通过恢复和重建活动来消除事故的根本原因。大多数情况下，这意味着在恢复或重建之前对硬盘驱动器和内存执行取证复制任务。

9.1.2　恢复或重建的优先级

组织必须确定恢复或重建勒索软件事故涉及的 IT 资源。在彻底删除所有恶意软件和未经授权的访问后，组织应重置所有口令。业务影响分析(Business Impact Analysis，BIA)应确定要恢复或重建的应用程序和服务，以及恢复或重建的顺序。如果组织没有其他方案，请考虑使用下列通用的优先级模板和启动指南来创建自定义方案：

- 网络基础架构(Network Infrastructure)
- IT 安全设备/应用程序/服务
- 虚拟机主机
- 通用备份/恢复服务
- 第 1 层级(Tier 1)级客户端计算机/设备
- 电子邮件或其他主要通信软件/服务
- 最高优先级第 1 层级(Tier 1)应用程序/服务
- 高优先级第 2 层级(Tier 2)服务器或客户端
- 中优先级第 3 层级(Tier 3)服务器和客户端
- 低优先级第 4 层级(Tier 4)服务器和客户端

> **层级**
>
> 编号的层级(Tier N)指的是资产的优先级，表示需要恢复的优先顺序。根据组织环境的不同，第 1 层级资产可能是底层基础架构服务(如 DNS、Active Directory、DHCP 等)，也可能是基础架构服务，以及用于帮助组织获取收益的最有价值和最关键的服务和数据。第 1 层级意味着"第 1 批次恢复优先级"，第 2 层级是次等重要的资产和数据，以此类推。

1. 恢复网络

收集涉及的所有环境文档，包括 IP 地址、主机和域名、网络、VLANS 等。准备好恢复环境需要的全部文档。

所有涉及的服务都应记录下各自输出或使用的网络流量，以便对服务开展持续监测工作；当发生异常情况时应立即触发告警(Alert)并启动事件调查工作程序。组织在生产环境中广泛部署服务之前，应完成所有调查工作。

> **实验测试**
>
> 如果组织不确定特定的设备、服务或应用程序产生和消耗了哪些网络流量，请考虑将问题资产恢复至启用本地进程和网络持续监测的实验环境中。从与组织生产环境无关的、新的实验环境开始安装，并记录所使用的端口和

服务。然后，将组织准备在生产环境中恢复的配置和实现恢复至实验环境中，再次记录进程和网络连接。研究所有进程和网络连接，以确认进程和网络连接的合法程度，并建立预期的基线。

在开始研究网络基础架构时，首先要确保组成网络的物理设备(如路由器、交换机、Wi-Fi 接入点、电缆调制解调器和广域网设备等)是安全的，且已修改口令。也许管理员登录账户的方式已经转换为多因素身份验证(Multi-factor Authen tication，MFA)；也许网络设备固件已恢复至一个已知的安全版本，配置和设置已经从已知的安全版本恢复；也许设备是重新配置的。安全专家应确保没有任何可能的恶意软件正在运行。

接下来，开始恢复提供 IP(Internet Protocol，Internet 协议)连接的设备/软件/服务(即 IP 地址设备管理)。服务可能包括动态主机配置协议(DHCP)服务和域名系统(Domain Name System，DNS)服务器/服务，还可能包括虚拟局域网(VLAN)和/或软件定义网络(Software-Defined Networking，SDN)配置、设备和服务。

2. 恢复 IT 安全服务

接下来，将介绍所有关键的 IT 安全服务。组织希望所有日志记录和持续监测的详细程度都达到最高水平，负责恢复安全服务的人员应深度参与安全事件和流量的监测，寻找所有恶意软件活动迹象。请特别注意勒索软件团伙在最近的攻击中使用的方法，因为恶意攻击方法通常可能与用于重新控制受影响的网络的方法相同。支付赎金的受害方组织再次受到同一勒索软件团伙攻击的概率较低，但并不能保证受害方组织不会再次受到攻击。

重新启用互联网

勒索软件响应方案中一个关键决策是何时重新接入 Internet。如果接入 Internet，但没有删除所有恶意软件和恶意连接，且没有更改全部口令，则意味着外部攻击方可能卷土重来。所有响应工作早期的 Internet 连接都应该受到严格、持续的监测和审查，以检查是否存在恶意流量。如果检测到恶意网络流量连接，请再次做好关闭所有(或部分)Internet 访问连接的准备。

3. 恢复虚拟机和/或云服务

虚拟机主机(如 VMware ESXi 和 Microsoft Hyper-V)可重新启动。在大多数环境中，虚拟机主机可能支持基础架构、应用程序和服务。确保虚拟机所在主机的软件是安全的，并已修改所有管理员口令。此时，可重新启用云基础架构服务(Cloud Infrastructure Services)。

4. 恢复备份系统

当组织再次使用安全控制措施和已更改的口令恢复备份与服务时，应保护未来的备份任务和数据，防止出现未经授权的操作。在开始恢复客户机、服务器和应用程序之前，组织希望恢复或重新构建备份和恢复服务，以便在恢复流程中首先备份特定内容。如果无法首先对备份和恢复服务执行同样的操作，也就无法将其他所有的内容都恢复至安全可靠的状态。

5. 恢复客户端、服务器、应用程序和服务

最后，组织应从优先级最高的组件开始恢复客户机、服务器、应用程序、数据和服务。所有系统组件和数据应按照已完成的第 1~4 层级列表逐一开始恢复。首先恢复最高优先级的资产，最后恢复最低优先级的资产。如果组织的时间和资源允许，也允许低优先级资产在高优先级资产之前恢复。有时，恢复高优先级资产可能需要数周甚至数月，而恢复低优先级资产可在数小时到几天内完成，同时等待高优先级资产的恢复。

> **关于优先恢复优先级较低的资产**
>
> 通常而言，组织每次都优先恢复高优先级资产。如果组织有闲置的资源，那么组织先恢复易于恢复的低优先级资产也是可以的。虽然看起来不合理(例如，在需要恢复高优先级系统时恢复低优先级系统)，但若组织能在不干扰恢复高优先级系统和数据的同时，也可快速恢复低优先级系统的组件和数据，将有助于增强恢复团队的信心。这是大多数项目管理书籍中没有体现的"实战"经验之一，只有在"实战"之中才能学到。

6. 执行单元测试活动

在恢复必要的服务器和客户端的过程中，组织应该执行单独的小型测试。"单元测试(Unit Test)"应在组织开始全面恢复工作之前完成。提前记录所有预期涉及的进程和网络流量。创建测试输入，并记录预期输出。确保所有可能类型的输入准确，并测试系统的所有进程。当然，需要相应领域的专家来创建测试输入、运行处理和审查输出结果。

测试完成后，将要恢复的服务或应用程序的单个实例恢复到生产环境中。如果产生预期的输出(如数据库记录、服务和报告等)，则输入测试数据和文档。如果实际输出与预期输出不匹配，那么应退一步解决。一旦从最初的生产测试中确认所有进程和网络连接的合法程度，则可开始全面部署业务系统。帮助安全人员持续监测所有恢复活动；若发现存在任何恶意攻击活动迹象，应记录结果并向恢复团队报告。

9.2　重建流程总结

你可能决定重新构建一台或多台客户端或服务器。以下是通用流程。

(1) 首先复制现有系统(即硬盘驱动器和内存)，以防重建流程无法按照方案执行，并用于司法取证(这一步可选)。

(2) 收集重建流程所需的必要说明、安全凭证、软件、驱动程序和许可证密钥。

(3) 如有必要，重建硬件和固件设备/驱动程序。

(4) 重建基本配置安全的核心资产。

(5) 确保已经修复全部关键补丁。

(6) 根据事故响应建议添加所需的新软件和服务。

(7) 添加自定义配置设置与服务账户等。

(8) 恢复或重新录入数据。

(9) 如果没有准备好，请不要连接网络。

(10) 执行单元测试任务。

(11) 批准全面部署。

"重建"代表从"裸机"上完全重建。通常情况下，重建意味着格式化硬盘、安装操作系统的纯净版副本、修复补丁，然后启动软件和数据恢复过程。而现在，许多设备和操作系统支持更快且符合逻辑的重建，其中大部分软件都需要重新构建，就像计算机完全重新构建一样，但不需要实际执行所有的重建步骤。如果组织考虑"准重建(Quasi-rebuilds)"，则要考虑在重建过程中使用准重建是否安全。

例如，有些攻击方将恶意软件隐藏在"闲置空间(Slack Space)"或存储磁盘的未使用部分(甚至在固件或显存中)。准重建可能不会将常见区域恢复至已知的纯净副本。如果准重建流程未触及通常区域，恶意软件就可能在重建过程中"隐匿存活(Live Through)"。组织只有在确认恶意软件不会在环境中留存的情况下才能执行准重建；否则，残留的恶意软件将导致攻击方或勒索软件更加容易地再次占据统治地位。以下是攻击方或恶意软件使用的区域在准重建期间未重建的示例：

- 未使用、未分配的磁盘扇区
- 未使用的磁盘分区
- 基本输入输出系统(BIOS)、统一可扩展固件接口(UEFI)和固件(Firmware)
- Windows 注册表区域
- 电子邮件规则、过滤器和流氓表单等

当存在疑问时，删除或重建可能存在问题的区域。

小心恶意电子邮件规则

数十年来，攻击方一直恶意利用电子邮件规则和流氓表单(Rogue Form)来恶意隐藏后门。在当今的许多电子邮件服务中，组织可使用规则、过滤器、表单和脚本的方式来定制电子邮件客户端，以处理特定事件。电子邮件服务旨在改善最终用户的体验。但长期以来，攻击方一直将电子邮件用作恶意手段。除非有特定人员寻找未编辑的电子邮件规则并删除，否则电子邮件规则很可能在重建工作中"隐匿存活"。有些组织已经重建了所有的软件、安装了新的硬件、修改了全部口令，但攻击方仍能轻易地侵入组织的环境中。有时攻击方使用的攻击方法可追溯至恶意的电子邮件规则和流氓表单。组织可从时长为一小时的网络研讨会(见 Link 1)找到更多细节，该研讨会讨论并演示了一些相关攻击工具的执行流程。可在 Link2 找到一篇关于恶意电子邮件规则和流氓表单的文章。

准重建的范围为从类似于真正的重建到更接近于部分恢复的流程。例如，Microsoft Windows 有三种准重建方法：刷新(Refresh)、重置(Reset)和还原(Restore)。见 Microsoft 网站的描述(Link 3)。

- **刷新**　用户的 PC 可重新安装 Windows，并保留用户的个人文件和设置。"刷新"还会保留电脑自带的应用程序以及用户从 Microsoft 商店(Microsoft Store)安装的应用程序。

- **重置**　用户的 PC 可重新安装 Windows，但会删除用户的文件、设置和应用程序——除了用户计算机自带的应用程序。

- **还原**　还原用户的 PC，撤销用户对系统的全部更改。

最安全的选择是重置，将 Windows 恢复到供应方初始交付的状态。

对于 Apple 计算机用户而言，大多数用户会在启动时按下 Command+R 键进入 Apple macOS 恢复模式。用户最终将看到从 Time Machine(时光机)恢复、安装 macOS 和磁盘应用程序的选项。用户可从任何 Time Machine 备份中恢复计算机，重新安装 macOS，擦除特定的磁盘。如果用户可确定在系统上植入勒索软件之前的某个时间点，那么 Restore From Time Machine 选项是有用的，而 Install macOS 会安装新版本的操作系统，并且任何 Time Machine 备份都可用于手动恢复特定的文件或目录。

重新构建 Linux 计算机要么从备份应用程序、要么从供应方的发行版的一系列命令(如 fdisk、mkfs 和 mount 等)执行数据恢复。命令因发行版和版本而异。安全专家可在 Link 4 找到一个手动重建 Linux 的流程示例。

大多数其他设备都有类似的重建流程。有些设备将重建回基本操作系统的行为称为硬重置(Hard Reset)。相比之下，软恢复可能是简单重启，不需要重建任何系统，或者只是删除最近安装的应用程序或最近更改的设置。如果不确定，用户只需要研究设备的重建和恢复指令即可。

9.3   总结恢复流程

恢复意味着将受影响的系统恢复至其原始的配置和基本状态。恢复会查找并删除潜在的恶意文件和配置，然后相信恢复工作将保证环境的安全。常用的恢复步骤如下。

(1) 首先制作现有系统的副本(例如，硬盘驱动器和内存)以防恢复流程不按方案执行，并可满足司法取证需要(该步骤是可选的)。

(2) 收集恢复流程所需的必要说明、安全凭证、软件、驱动程序和许可密钥。

(3) 查找并删除恶意文件和配置。

(4) 确保修复全部关键补丁。

(5) 根据事故响应建议添加所需的新软件和服务。

(6) 添加自定义配置，添加服务账户，等等。

(7) 添加或重新创建数据。

(8) 如果没有准备好，请不要连接网络。

(9) 执行单元测试任务。

(10) 批准全面部署。

无论系统是恢复还是重建，这一系列步骤都是相似的。恢复的不同之处在于，组织需要查找恶意行为，如果发现，组织需要在将资产恢复至环境之前将恶意软件删除。因为计算机平台的不同和服务水平的差异，组织要查找的内容也不同。下面列举两个恢复示例。

- 恢复 Windows 计算机
- 恢复/还原 Microsoft Active Directory

9.3.1 恢复 Windows 计算机

当组织想确认一台 Windows 计算机是否有恶意操作时，可参考以下常见的恶意操作区域：

- 自动启动区域(有几十个)
- 服务
- 程序
- 文件和文件夹
- 注册表设置
- \Windows\System32\drivers\etc\hosts

需要运行可靠的反恶意软件，需要详细了解反恶意软件的运行模式；反恶意软件会使用签名检查所有文件。组织可能惊讶地发现，大部分以默认模式运行的反恶意软件并不会检查其所能做的一切。组织需要考虑是否下载并运行 Microsoft 的以下系统内部实用工具。

- Process Explorer(见 Link 5)
- Autoruns(见 Link 6)

Process Explorer 和 Autoruns 这两套安全工具都可对接 Google 的 VirusTotal.com 接口，并通过使用超过 70 种不同的反恶意软件扫描器扫描所涉及的文件和进程。两套安全工具都很好地展示了恶意软件(尤其是活跃的恶意软件)可以隐藏文件与进程的地方，但用户可能需要做更多研究来确定工具所列举的应用程序是合法的还是恶意的。注意，组织不能总是相信 VirusTotal 是 100%准确的。

应该使用安全模式吗？

一些取证调查人员总是在开展分析工作之前将窗口调整至安全模式。这有助于清除可能潜伏在内存中的恶意软件；如果内存中的恶意软件处于活跃状态，可能对调查人员和侦查工具隐藏自身的存在。但是，有些勒索软件和恶意软件蓄意篡改安全引导进程，因此，组织不能确认恶意软件是否处于隐藏状态。在安全模式下启动绝对会改变许多正常软件(甚至可能阻止恶意软件)的加载,运行在安全模式下的反恶意软件工具(如 Autoruns 和 Process Explorer)

可能无法发现恶意软件。如果组织未在安全模式下启动，将增加恶意软件隐藏至组织环境，以避开调查人员的风险。如果在安全模式下启动，将有更多的机会使正常的取证工具(如 Autoruns 和 Process Explorer)不报告恶意软件，因为工具没有加载和活动。建议组织不要为 Windows 计算机开启安全模式，除非已识别出恶意软件，并且需要开启安全模式以删除恶意软件。

当组织对计算机恢复情况是否干净有疑问时，可以从零开始重新构建。恢复和重建是艰巨的工作；与另一次成功的勒索软件攻击所需要开展的恢复工作相比，二者的差异是无关紧要的。

9.3.2 恢复/还原 Microsoft Active Directory

对于运行 Microsoft Windows 计算机的组织而言，将 Microsoft Active Directory (AD，活动目录)恢复或还原至已知的安全状态是一项常见的任务。Active Directory 可由 Azure AD 在线提供，也可由运行在域控制器(DC)上的传统 Active Directory 服务在本地提供。

如果 AD 宕机，通常是因为勒索软件对一台或多台域控制器执行了加密，或至少对担当最重要的 FSMO(Flexible Single Master Operation，灵活单主操作)角色的主 DC 执行了加密。最好从已知的、安全的备份恢复主数据中心。可采用的一些方法如下。

- 将担当 FSMO 角色的主数据中心的全量备份恢复到现有数据中心，并提升为主数据中心。
- 建立全新的数据中心，将 FSMO 角色安装或转移到新的数据中心(如果还存在功能完整的 AD 数据中心)。
- 使用 Azure 站点恢复功能(如果启用)恢复到安全且稳定的点。

如果无法恢复 AD 数据，组织可能需要重新构建新的 AD。有些勒索软件受害方组织选择从零开始重新构建，以最小化风险，并利用这个机会删除组织长期以来一直试图删除，但无法证明已经关闭的残余 AD 对象。现在，组织可使用"确保安全"的理由构建 AD。

通常，恢复 AD 意味着首先需要恢复其他底层网络服务(如网络基础架构、DNS、DHCP 等)。如果希望执行部分恢复，组织将需要检查现有的 AD 及其最关键的安全相关对象(如用户、组和组策略对象)，以寻找恶意修改或添加之处。

与勒索软件相关的最常见的 AD 修改是向特权组(如企业管理员、域管理员或本地管理员)添加新成员。从特权组中删除所有不需要的成员。

以下是在勒索软件恢复事件中帮助恢复 AD 的其他指南：

- 备份和恢复 Active Directory 服务器(见 Link 7)
- AD 森林恢复——执行初始恢复(见 Link 8)
- 备份和恢复 Active Directory 域控制器的最佳实践(见 Link 9)
- 通过 Azure 站点恢复(见 Link 10)

最后一个文档是一份出色的实验实践文档，详细介绍了如何模拟勒索软件攻击，并使用 AD 站点恢复从勒索软件事件中恢复。这是一份非常值得阅读和学习的文件。

请参考其他设备、网络和平台类型的恢复指南。在任何时候，特别是在最初的恢复期间，IT 安全部门应严格持续监测进程和网络连接以寻找恶意活动。如果受害组织拒绝支付赎金，勒索软件团伙可能会寻找再次入侵组织环境的方法。任何恶意软件、后门或未修改的口令都可能帮助攻击方重返至组织的环境。

9.4　小结

本章讨论了从勒索软件攻击中恢复环境的全部流程和步骤；包括恢复网络基础架构、IT 安全、虚拟机(Virtual Machine，VM)、云服务(Cloud Service)、备份系统、客户端、服务器、应用程序和服务，并在组织全面恢复到生产环境之前，对每一个组件执行测试。还详细介绍了 Microsoft Windows 的恢复和重建以及 Microsoft 活动目录。

在第 10 章中，组织和用户将了解受害方组织应开展哪些工作以防止和缓解其他勒索软件攻击。第 10 章将重点讨论必要的整体范式转变，以及有利于网络和数据安全防御方的具体战术。

第**10**章

后续步骤

勒索软件攻击敲响了网络和数据安全防御的警钟。勒索软件攻击意味着组织在网络和数据安全防御体系中存在一个或多个严重的弱点(Weakness)。本章将讨论受害方组织在遭受勒索软件攻击后可能需要考虑的问题。本章重点介绍必要的整体范式转换，以及有益于网络和数据安全防御方的战术。

10.1 范式转换

80%的勒索软件受害方组织曾多次遭受勒索软件攻击(见 Link 1)。勒索软件的存在可能导致严重的运营中断，也是重新审视组织全局网络和数据安全策略的机会。大多数受害方组织的防御效率低下，是因为防御方的关注点有所偏差，没有把大部分精力投向正确的方向。本节讨论大多数勒索软件受害方组织的网络和数据安全防御中可能需要的范式转换(Paradigm Shifts)。本章强化了第 2 章中提出的想法和建议，并增加了更多内容。

10.1.1　实施数据驱动的防御

想象两支军队，一支优秀，一支低劣，陷入一场长达数十年的战争。战力低下的军队在右翼不断赢得战斗，且多年来一直如此。在现实的战斗中，优秀的军队在发现右翼的弱点后，会在右翼集结更多部队和资源，以对抗敌人的不断胜利。否则，优秀的军队也终将输掉战争。

但在现代企业网络和数据安全的虚拟战争中，当防御方得知右翼不断失利后，会莫名其妙地在所有方向上增援防御部队。防御方在左翼和中部部署更多兵力和资源。有时甚至纵向集结军队，仅仅是因为防御方听说有理论上的空中袭击，以防止未来可能受到的攻击。每位参战人员都能看到右翼正在受到攻击，因为战斗就发生在右翼。防御方总是四处抱怨，开展一些毫无章法的准备工作以迎战想象中的敌人，却没有立刻解决真正有威胁的攻击。

在真正的战争里，如果组织无法促使将军们在右翼作战，那么组织会更换将军。不幸的是，在网络和数据安全领域，继任将军很可能像前任将军一样，仅仅关注右翼之外的事情。如果组织认为这听起来像是一种糟糕透顶的战争部署，那么组织的思路就是正确的。

如果不喜欢战争寓言，可想象一下，房主住在房子里，盗窃方经常从门旁的窗户闯入。房主的处理方式，是为大门安装了更多门锁，仅仅是因为房主听说大多数入室盗窃发生的原因是大门没有足够的门锁。或者，房主听说传统门锁不够智能，没有足够的技术含量，因此，尽管有最直接证据表明窗户才是问题的根本所在，但房主依然升级了错误的安全防御措施。窃贼团伙和勒索软件团伙都同样欣赏这种缺乏洞察力的行事风格。

大多数组织和个人都能从寓言故事中找到熟悉的身影。与对人们造成最大伤害的事件作斗争，这似乎是世界上最自然的事情。但大多数网络和数据安全防御方没有在正确的位置以足够数量的控制措施开展防御工作。

相关书籍

Roger 撰写的 *A Data-Driven Computer Security Defense* 一书中推荐的想法和概念应成为所有防御的理论基础。可通过 Link 2 购买该书。

网络和数据安全防御方无法专注于最严重威胁的原因有很多。

首先,网络和数据安全领域有成千上万的威胁源。仅在 2020 年,就有 18 103 个新漏洞需要修补(见 Link 3)。如图 10.1 所示,尽管 2020 年漏洞数量创下了历史新高,但每年至少有数千个新漏洞出现的趋势已经持续了很长一段时间。数以万计的恶意攻击方和数以千万计的勒索软件每天都在试图入侵各类组织,威胁的数量更是如此之多。这是雪崩般的威胁。

其次,有很多安全产品供应方和利益相关方都在争夺防御方的注意力。每一家网络和数据安全公司都想得到防御方的信任,网络和数据安全公司的产品就是所有防御方需要解决的问题的答案。许多安全产品供应方有意增加其产品所能够缓解(Mitigate)问题的恐怖程度,因为只有当防御方感到恐惧时,销售安全产品就会更加容易。这种相互竞争的结果是,防御方面对各种不同类型的威胁不知所措,不知道最应关注的威胁是哪一种。并不是所有组织都能顺利解决这个问题。

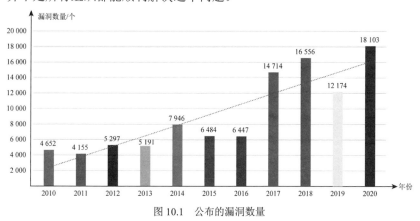

图 10.1 公布的漏洞数量

组织必须遵守网络和数据安全指南(Guide)和法律法规,这导致组织不能集中关注,告诉组织必须同时实施 100 多种不同的安全控制措施。最大的安全威胁和风险正是由于组织缺乏对最有可能和有害的威胁和风险的关注,导致网络和数据安全防御效率低下。那么,组织如何才能解决这个问题呢?

1. 关注根本原因

任何网络和数据安全防御方所能做的唯一最好的工作就是专注于最初漏洞利用的根本原因，漏洞可能导致勒索软件(以及其他攻击方)入侵组织的设备和环境。网络和数据安全防御必须部署正确的缓解措施，以防止下一次攻击。正如第 2 章所述，造成勒索软件攻击和其他攻击有九个不同的根本原因：

- 代码编写错误(补丁可用或不可用)
- 社交工程攻击
- 身份验证攻击
- 人为错误/配置错误
- 窃听/中间人(Man-in-the-Middle，MitM)攻击
- 数据/网络流量畸形
- 内鬼攻击(Insider attack)
- 第三方依赖问题(供应链/供应方/合作伙伴/水坑攻击等)
- 物理攻击

找出组织环境中最可能产生威胁的根本原因，并首先针对性地解决。每当在组织的环境中发现并删除勒索软件或攻击方时，组织要尽力查明勒索软件或攻击方是如何侵入组织环境的。是什么因素帮助组织发现了勒索软件或攻击方？查找并关注勒索软件入侵的根本原因。勒索软件入侵不是组织的问题，而是组织真正存在的问题所造成的结果。

2. 排列一切

网络和数据安全防御方拥有大量的无序列表。组织会不断收到大量没有排序的事项。不要盲目接受无序列表。相反，组织可强制对已接受的列表排序，以便能首先完成最具影响力的事项，提高组织的防御水平。

当有人告诉你去完成某项工作时，请先考虑一下，这是对时间的最佳利用，还是有其他对于网络和数据安全防御更重要的事情需要完成？如果是后者，那就争取完成更重要的事。

NIST 发布了以下勒索软件指导文件草案，供组织开展审查：“初步草

案 NISTIR 8374，管理勒索软件风险的网络安全框架配置文件"(见 Link 4)。
其中列出了防止勒索软件利用的八项具体建议。按顺序排列如下：

- 保持系统更新，定期开展更新审查。
- 只允许运行经过网络安全或 IT 专业人员预先授权的应用程序。
- 限制在公司网络上使用个人设备。
- 尽可能提倡使用标准用户的账户，而不是具有管理权限的账户。
- 避免在公司设备上使用非公司应用程序和软件，如个人电子邮件、聊天和社交网络客户端。
- 小心未知的消息来源。不要打开文件或单击来自未知来源的链接，除非事先执行了扫描任务。
- 阻止访问勒索软件网站，使用网络和数据安全解决方案，阻止访问已识别的勒索软件网站。
- 始终使用杀毒软件，并将杀毒软件设置为自动扫描电子邮件和闪存驱动器。

勒索软件利用设备的首要方式是社交工程攻击。最后三种控制措施会缓解社交工程攻击的影响。第六种安全意识宣贯培训的一部分，是最可能对缓解勒索软件风险产生最大影响的一种控制措施。上述建议中未列出 MFA 和完善的口令策略(这些也是防止勒索软件攻击的最佳方法)，而且将最可能降低风险的建议放在了最后。勒索软件攻击方喜欢组织完全按照上面的顺序展开工作。如果这个列表是"数据驱动(Data-driven)"的，并按风险排序，应该将最后这三条建议移到前面，将第六条排在首位。

3. 获取和使用有帮助的数据

提出正确的问题。如果没有用于回答问题的数据，试着去获取数据。应重视具体威胁经验，而非第三方的经验报告。很多时候，数据就在那里，但没有人收集或分析。其他时候，数据并不存在，但收集数据并不难。开始使用数据和指标来推动网络安全解决方案。不要把"直觉"和轶事经验当作主要驱动因素。相反，收集尽可能多的有帮助的数据，并使用数据来推动项目和解决方案。

4. 关注日益增长的威胁

所有的网络和数据安全威胁都会经历起起落落，从默默无闻到流行，再到无人问津。威胁常常追逐新兴技术，有时落后，有时领先。使用威胁情报数据来确定不同威胁和风险在环境中发生和成功发生的频率。注意日益增长的威胁，因为此类威胁经常成为最新的、最大的问题。组织对新出现的网络和数据安全威胁的响应通常是被动的，因此，越早发现严重的问题并开始解决，对于组织而言越安全。

5. 统一目标，共同努力

一旦确定了环境面临的最大威胁，就需要将该信息传达给组织中的所有人员。除非全部人员都知道最重要的问题，并参与实施缓解措施，否则组织不可能拥有完善的网络和数据安全防御措施。

第一步是确保全部人员都知道最重要的问题。第二步是分享将要完成哪些工作来缓解问题。第三步是不断重复沟通最大威胁，直到最大威胁不再排名第一，然后组织将开始专注于一个新的最大威胁。

关注最主要的威胁。无论最大威胁是什么，都需要时刻保持关注，并随着最大威胁的变化而改变关注重点。奇怪的是，在网络和数据安全领域里有一种观念：组织不能一遍又一遍地告诉用户同一件事。例如，如果网络钓鱼邮件是最大威胁(这是很可能的)，大多数组织会发送网络安全通信或公告警告终端用户，但组织会觉得下次不能分享相同的威胁和警告。相反，组织选择了另一个主题，例如，攻击外国银行的畸形数字证书，并对此发出警告。重复发送网络和数据安全通信或公告来警告终端用户对于组织面临的威胁完全没有影响，但是组织必须每次都分享不同的内容，以免终端用户感到厌烦。

一旦组织确定了最大的威胁，风险缓解团队就有责任反复讨论威胁，以便全部人员都能专注于最主要的问题。其他任何事情都是低效的，参考前文介绍的两则寓言故事：专注于左翼而不是右翼，大门而不是窗户。正是因为组织和个人未关注根本原因，才使得恶意攻击方和勒索软件得以如此成功。反击！专注，专注，专注！

6. 首先要缓解社交工程攻击

30 多年来,组织面临的最严重威胁一直是社交工程攻击和未打补丁的软件。正如第 2 章所述,口令问题也是最主要的威胁(稍后将详细介绍)。组织应关注面临的最大威胁。如果组织无法掌握环境面临的最大威胁是什么,那么请首先关注社交工程攻击(Social Engineering Attacking,SEA),其次关注未打补丁的软件,而后关注口令安全问题。组织应该重点缓解这三大重点问题,其他所有事情都是次要的。通过首先关注这三大重点问题,大多数组织将最有效地降低网络和数据安全风险。

大多数组织可通过重点缓解社交工程攻击来最大限度地降低安全风险。这包括实施所有的策略、技术控制措施和宣贯教育培训,以最有效地对抗社交工程攻击。

> **关于对抗社交工程攻击的综合电子书**
>
> 正如第 2 章所述,Roger 为其雇主 KnowBe4 准备了一本全面的电子书,其中涵盖了 Roger 所能想到的缓解社交工程攻击的每一种方法。可在 Link 5 上找到《KnowBe4 的全面反网络钓鱼指南》。

10.1.2　跟踪进程和网络流量

很明显,在大多数环境中,勒索软件常可潜伏数月且无法轻易检测到。所有组织都应对异常的网络和数据安全进程和网络流量开展更多的盘点、持续监测、跟踪和告警工作。最好的防御方法是运行应用程序控制软件,拒绝运行任何未经批准的进程。这样做将显著降低组织发生恶意攻击事件的概率和风险。

不幸的是,实现强制部署是困难的,组织不仅需要大量资源,而且如果做得不好(通常做得不好),可能导致来自管理层和最终用户的太多不满情绪。在此类情况下,使用跟踪进程和网络流量的任何应用程序,如应用程序控制或端点检测和响应(EDR)都是一件好事。关键是调查所有新的进程与网络流量连接，确定新的进程与网络流量连接是不是合法且必要的。这并不容易做到，因为组织无法很好地将进程和网络流量连接异常关联起来；这也是勒索软件如此猖獗的一个重要原因。如果想阻止勒索软件在组织中泛滥，请积极主动，并开展进程跟踪和网络流量异常检测工作。

10.2   全面改善网络和数据安全卫生

大多数组织都可通过改善全局的网络和数据安全卫生(Cybersecurity Hygiene)，以显著降低受到勒索软件(以及其他恶意攻击方)攻击的风险。"卫生"一词用来比喻沐浴、刷牙、饮食和个人卫生如何被视为人类长期健康的最佳指标之一。以下是部分常见的网络安全卫生建议。

10.2.1   使用多因素身份验证

多因素身份验证(Multi-factor Authentication，MFA)要求用户输入至少两种不同类型的数字身份所有权证明，以便对特定访问控制系统实施身份验证技术。MFA 技术有多种形式，包括硬件设备、软件程序和移动应用程序。尽管使用 MFA 技术的组织仍然可能遭受攻击方攻击，任何 MFA 技术解决方案本身也可能受到攻击方的攻击或绕过，但使用 MFA 技术能够显著减少部分常见的攻击方的攻击形式。例如，如果有人试图窃取用户口令，但用户除了使用用户名和口令之外，还使用了 MFA 技术，则不会因为非常常见的社交工程攻击而遭受欺骗。任何情况下，应该尽可能使用 MFA 保护包含机密数据的系统。不幸的是，可能只有不到 2%的系统和网站允许采用 MFA 技术登录。但是如果组织可使用 MFA 技术，将显著减少部分形式的恶意攻击方和勒索软件的攻击。

请注意，使用 MFA 并不意味着组织不会受到恶意攻击方攻击，也不意味着处于 MFA 保护的环境不会受到恶意攻击方和勒索软件破坏。MFA 技术只是降低了遭受攻击或破坏的可能性。所有使用 MFA 技术的组织都应该掌握正在使用的 MFA 类型,以及如何破解和绕过 MFA 方法。

多因素身份验证攻防手册

由 Roger 撰写的《多因素身份验证攻防手册》一书中详细讨论了 MFA 技术,如何入侵 MFA 技术,以及管理员、研发人员和组织如何提高 MFA 技术的安全水平。

10.2.2 使用强口令策略

口令攻击主要有以下几种类型:

- 口令猜测攻击
- 口令盗窃攻击
- 口令哈希盗窃攻击
- 套取用户口令攻击
- 未授权口令重置或绕过攻击

关于口令攻击和防御的信息

Roger 在 Link 6 上的为时一小时的网络研讨会中详细介绍了口令攻击和防御措施。

根据 Roger 的经验,Roger 比大多数安全专家更了解口令攻击和防御措施,下面是推荐的口令策略:

- 尽可能使用 MFA 技术。
- 在没有 MFA 的情况下,使用口令管理工具为所有网站或安全域创建尽可能长的、唯一的随机口令。
- 在无法使用口令管理器的情况下,使用长而简单的口令短语(Passphrase)。
- 使用至少 12 个字符或更长的口令。如果担心口令哈希猜测攻击,或者没有在所有地方启用账户锁定,则可使用 16 个字符或更长的口令。
- 每年至少更改一次所有口令,并每 90~180 天更改一次业务口令。

- 尽可能启用账户功能。
- 不要在任何网站或服务之间重复使用相同的口令。
- 不要使用常用口令(如 123456、password 或 qwerty 等)。

所有网络和数据安全防御方都应尽可能严格遵循口令策略建议，以减少网络和数据安全风险。以下是关于口令威胁、防御和策略的文章(大部分由 Roger 撰写):

- 口令策略是什么，还存在其他哪些口令问题(见 Link 7)。
- 关于口令策略的问答(见 Link 8)
- 什么是正确的口令策略？(见 Link 9)
- 为什么 MFA 技术不能阻止所有的恶意攻击？(见 Link 10)
- 最好的口令管理器——*Wired* 杂志的一篇文章(见 Link 11)
- 口令管理器会受到攻击吗？(见 Link 12)

10.2.3　安全地管理特权组成员权限

操作系统和网络都有一个或多个内置的高权限组。在 Microsoft Windows 中，本地高权限组为管理员和高级用户(后者正在弃用)。在 Microsoft Active Directory 网络上，是"管理员""域管理员""企业管理员"和"架构管理员"(以及两个其他特权组)。在 Apple、Linux 和 BSD 计算机上，是指根权限(root)。

尽量限制任何高权限组的永久成员数量。拥有高权限资格的人员越少，网络安全风险就越低。最好的身份验证和访问控制系统会积极管理属于高权限组的成员，尽量减少永久成员，仅根据组织的需求在需要时增加临时成员。所有升高权限资格的账户都应接受严格检测，并限制其使用地点。例如，域管理员的成员仅能登录域控制器。任何域管理员登录至非数据中心的位置都将认为是高风险且不必要的。在可能的情况下，授予用户高级权限和特权，而不是为用户授予一个高特权组的成员资格，因为后者所包含的特权和权限总是远超用户完成当前任务所需的权限。

10.2.4　完善安全态势的持续监测

如果大多数组织注意到安全事件日志中的异常事件，就可更早注意到勒索软件入侵。所有组织都应定义可能表明恶意的事件，或至少值得实施额外调查的事件，然后对事件发出警报并予以响应。

10.2.5　PowerShell 安全

Microsoft PowerShell 的漏洞经常受到攻击方和勒索软件利用。PowerShell 是 Microsoft 最杰出的脚本语言，完全禁用 PowerShell 通常会导致系统操作中断，或者至少会减慢正常任务运行的速度。相反，将 PowerShell 设置为受限模式或另一种模式，这种模式要求 PowerShell 脚本由组织信任的实体签名。

默认情况下，PowerShell 包含以下五种执行模式。

- 受限制：默认。不能运行任何自动化脚本。PowerShell 只能在交互模式中使用。
- 无限制：没有限制；可运行所有 Windows PowerShell 脚本。
- 所有签名：只能运行由受信任的发布方签名的脚本。
- 远程签名：下载的脚本在运行之前必须由可信的发布方签名。
- 未定义：未设置任何执行策略。

确保将 PowerShell 环境设置为"受限制"或需要签名代码的模式之一。Link 13 和 Link 14 是关于保护 PowerShell 的另外两个相关链接。

10.2.6　数据安全

绝大多数勒索软件都是为了窃取组织的数据。组织应该探索可防止数据泄露的方法。数据保护选项包括：

- 专门为预防未经授权的数据泄露而设计的软件
- 加密数据库(特别是字段级加密技术)

- 数据封装器
- 虚拟化数据视图
- 容器化数据
- 数据防泄露工具
- 条件访问

Microsoft 的受控文件夹访问是条件访问的一个示例。使用 Microsoft Windows 10/Microsoft Windows Server 2019 及更高版本时，管理员声明"受控文件夹访问"保护哪些文件夹，然后定义允许访问哪些受信任的应用程序。任何未声明的应用程序(如勒索软件)都无法访问数据。尽管不能阻止所有勒索软件的入侵，但目前确实阻止了许多形式的勒索软件。Link 15 和 Link 16 是两个相关的链接。

值得注意的是，仅预防数据加密或数据泄露可能不足以阻止普通的勒索软件或团伙得逞。针对操作系统和其他类型的非数据文件实施加密仍会破坏组织环境，并可能导致操作问题，但至少会迫使勒索软件团伙更难窃取数据。Roger 希望以数据为中心的保护系统在未来变得越来越多，越来越流行。

10.2.7　安全备份

保护组织未来的备份数据免受勒索软件的攻击。勒索软件经常删除卷影副本，删除在线备份数据，停止备份数据任务，并使用其他方法破坏备份数据。组织应确保使用 3-2-1 备份方法：

- 确保所有数据都有三份副本(原始数据加上两份备份)。
- 将副本存储在至少两种不同类型的存储介质上。
- 将一套备份副本存储在异地/未联网的物理位置，避免攻击方破坏或删除备份数据。

多数备份解决方案支持 MFA 登录，因此，如果允许 MFA 登录选项可用，请添加。在所有备份建议中，最重要的是存储一份真正的离线备份。如果能以在线方式获得"离线"备份，而不需要任何人员在物理设备上开展工作保证数据"在线"，那么备份就不是"离线备份"。

值得注意的是，多种"云服务"，如 Microsoft Azure、Dropbox、Google Drive、Microsoft OneDrive 等，并不像传统的基于网络和数据安全的存储设备那样容易受到勒索软件攻击。勒索软件成功入侵存储在具有"反勒索软件"功能的云服务上的文件的可能性微乎其微。勒索软件仍经常影响云存储的文件，但云服务通常非常了解勒索软件，并提供相当容易的数据恢复。查看组织的云服务供应方是否提供从勒索软件事件中轻松恢复的功能。在勒索软件泛滥的世界中，使用基于云计算的存储供应方可能比以往任何时候都更有意义。

10.3　小结

本章推荐了通用的范式转换和战术安全控制措施；如果实施得当，这些措施将显著降低组织的网络和数据安全风险。这包括部署数据驱动的网络和数据安全防御体系，关注根本原因，对威胁实施排序，获得有帮助的数据，注意日益增长的威胁，向同一个方向前进，关注社交工程攻击，使用 MFA 技术，使用强口令策略，确保权限管理，改进安全持续检测，保护 PowerShell，确保数据和个人信息的安全水平和备份安全。

在第 11 章中，将讨论受害方组织在面对勒索软件攻击时的禁止行为。

第**11**章

禁止行为

本书的大部分内容都是关于组织在遇到勒索软件攻击的情况下应采取何种行动。在本章中，每一节都将明确讨论组织应该避免的行为，以帮助组织避免常见的错误和误解。

11.1　假设自己不可能成为受害方

许多勒索软件受害方组织在受到攻击之前，都认为自己不可能成为真正的受害方，认为只有安全水平最差的组织才会受到入侵和攻击。组织从媒体上看到有些公司的系统未及时打补丁，或者多年未发现自身网络中存在勒索软件，似乎除了自己，其他所有公司都会受到攻击。这可能会导致组织得出仓促的结论：即组织当前实施的防护措施是正确的，不会受到任何攻击。组织不应该犯这种错误。

大多数受害方组织甚至认为自己不会成为勒索软件的目标。"他们为什么要袭击我们？"是一种常见的抱怨。答案是勒索方希望谋取金钱，且受害方组织的加密货币与其他组织的加密货币一样值钱。大多数组织的安全水平相对一般，也就是说安全能力并不是很好。大多数组织在计算机网络和数据安全方面，某些方面做得很好，大多数方面做得一般，甚至有些方面做得很差。攻击方只需要找到一处漏洞即可入侵组织的系统、窃取组织的数据，例如，找到一位受到诱骗而单击钓鱼电子邮件的员工，找到一套未经修补的应用程序或一个未受保护的口令登录门户网站。防御方需要实施十分完善的安全控制措施，而攻击方只需要找到一个漏洞即可成功入侵。

永远不要假设自己不会受到攻击。即便组织现在没有受到勒索软件的严重入侵，将来总有一天会因受到勒索软件攻击而导致业务运营损失严重。

11.2 认为超级工具能够预防所有攻击

永远不要认为存在一套或几套安全防御工具的任意组合可以帮助组织预防所有的勒索软件攻击。许多安全供应方经常声称安全供应方的防御方法能够预防所有勒索软件攻击。如果真的有一种工具能够预防所有勒索软件攻击，那么世界将向这家安全供应方敞开大门，安全供应方将不必恳求组织购买安全供应方的解决方案。无论安全供应方承诺什么，勒索软件攻击都很可能成功地攻击安全供应方的一位或多位客户。

11.3 假定备份技术完美无缺

许多勒索软件受害方组织在受到攻击后，过早认为自身的备份技术将拯救自己。毕竟，多年来受害方组织一直证明自身拥有完善的备份系统；的确，组织的备份系统曾经成功地用于恢复文件和文件夹，没有发生过问题。甚至当受到质询时，IT 人员还证明了备份系统的可靠性。IT 人员表示，备份是离线的，攻击方无法触及。还有比这更令人放心的吗？

事实证明，拥有非常可靠的备份比看起来更困难。大多数组织，当提及自己拥有很好的备份时，意味着已经尝试过恢复一些文件、文件夹，甚至是一两台完整的计算机。几乎没有一家拥有备份的组织，像受到勒索软件攻击之后那样，试图一次性恢复所有服务器和工作站。即使备份是安全可靠的，但当需要恢复数十台计算机时，也可能需要花费数月乃至数年的时间。这还只是假设攻击方没有以某种方式删除或破坏备份数据的情况。只要受害方组织能在线获取备份数据,那么攻击方就一样能够获取备份数据。

为确保拥有可靠且安全的备份,组织应至少每年以应对勒索软件事故的方式开展恢复性测试工作。也就是尝试将数十台服务器和计算机一次性或按顺序还原到测试环境,计算所需的时间以及备份数据是否可用。很多时候,还原多套系统最终会发现很多数据已损坏,因为组织很少会同时备份所有系统。这将导致同步备份数据发生错误。有些服务器和服务可能出现故障并得到解决,而有些服务器和服务则必须重建才能继续正常使用。

如果真的想确保有组织拥有完善的、可靠的备份系统,组织应聘用渗透测试专家,用于测试能否未经授权得到备份数据;如果能得到,则需要测试渗透测试专家测试能执行哪些操作(例如,删除、破坏等),并至少每年从离线或受到顶级保护的备份中执行一次测试环境中的完整恢复测试工作。大多数受害方组织不会每年执行完整恢复测试工作,或者即使是合规部门要求每年执行完整恢复测试工作,组织也不会这样做,因为完整恢复的代价很昂贵。除非组织彻底执行了备份恢复测试任务,否则在经过验证之前,不要认为备份是可靠的。

11.4　聘用毫无经验的响应团队

当组织受到勒索软件攻击时,不应聘用经验不足的响应团队。这时候的组织需要有经验的、处理过大量勒索软件事故的响应团队。需要真正处理过勒索软件攻击事故的专业人员。不同的勒索软件和团伙会做出不同类型的攻击行为。有些会窃取数据,有些不会。有些勒索软件团伙声称将泄露数据,但实际上并没有。大多数勒索方在收到赎金后提供解密密钥,但有些勒索方则不提供。有些勒索方提供了解密密钥,但解密密钥实际上不起作用。有些勒索方声称不会再攻击受害方组织,但实际上会再次攻击。有些勒索方试图利用解密软件植入更多勒索软件。有些勒索方将拿走初始要求赎金的四分之一;有些则需要拿到一半或四分之三。一些勒索方经常寻找网络安全保险单，以确定保险公司将支付的最高赔偿金，尽管大多数受害方组织没有网络安全保险。有些勒索方声称，优先接受 Monero 加密货币；仍接受比特币，但会收取更高费用。有些勒索方给受害方组织几天的时间准备赎金，有些则给几周的时间，情况千差万别。

全面掌握组织面对的谈判对象是勒索软件响应的重要组成部分。经验丰富的勒索软件事故响应人员，尤其是熟悉勒索软件变化的人员，都值得聘请，反之亦然。缺乏经验的响应和谈判人员可能将导致勒索软件事故变得比需要处理的情况更严重。

11.5 对是否支付赎金考虑不足

许多受害方组织提前发誓永远不会支付赎金。请注意不要因为自尊心或社会道德自误。拒绝支付赎金很可能意味着更多的费用、更长的恢复时间，并且极大地增加了当前和未来受到损失的风险。这是一件需要多方权衡的事情，不能简单地因为道义而拒绝支付赎金。

一些组织拒绝支付赎金，因为组织知道自己有一份完善的、可靠的备份数据能用来恢复加密数据。请记住，大多数勒索软件攻击都涉及数据和安全凭证信息外泄，攻击方可能会攻击受害方组织的员工和客户，并将责任归咎于受害方组织。

组织不支付赎金或许只是因为相信支付赎金会鼓励勒索软件攻击方，然而，一个组织支付或拒绝支付赎金不会改变总体走势。大约 40%～60% 的受害方组织正在付费，因此，某一主体决定是否付费不会改变攻击方的动机。

11.6 欺骗攻击方

存在受害方组织欺骗勒索软件攻击方的情况。一般而言，如果勒索软件团伙知道受害方组织正在欺骗自己，受害方组织将不会有好的境遇。假设勒索软件团伙已经在受害方组织的环境中藏匿几个月了，能够阅读受害方组织的电子邮件、查看财务报表、阅读文档，并获悉了受害方组织的"皇冠上的明珠"。不要试图隐瞒自身情况，勒索方通常已经掌握了组织的大部分情况。不要在收入、现金流或筹集现金的能力方面欺骗勒索方。通常，勒索方在告知受害方组织已受到攻击之前，已制定了周密的勒索方案。虽然不应该撒谎，但也不必对信息过于坦诚。不要特意告诉攻击方任何有利于攻击方勒索钱财的信息。

相反，有时勒索软件团伙也会犯下严重错误。有很多关于勒索软件团伙夸大受害方组织支付特定赎金的经济能力的文章。从勒索方的角度看，在阅读受害方组织的财务报表时，勒索方对于组织之间的差异没有足够的了解。勒索方可能不知道，Example Technical 只是全球范围内更富有的 Example Worldwide 的一个子公司，母公司不会为较小的子公司支付更高的赎金。

如果勒索方确实犯了错误，请平和地更正信息。不要在回应中大声斥责或侮辱攻击方。对待攻击方应当像对待一个犯错的孩子或股东一样。侮辱攻击方对于组织而言没有一点好处。

11.7 用小额赎金侮辱勒索团伙

许多受害方组织看到勒索软件团伙勒索的金额会感到震惊。虽然不确定受害方组织的预期，但很明显，受害方组织代表心目中的金额要低得多。通常，受害方组织的还价远远低于攻击方最初要求的金额。Roger 曾看到受害方组织的还价金额不到勒索金额的 1/10。除非在极不寻常的情况下，勒索软件团伙确信自己在评估受害方组织的净值时犯了巨大错误，否则勒索软件团伙很少接受低于最初勒索金额的四分之一至一半。受害方组织提出的金额只有最初要求的十分之一或更少将被视为一种侮辱，可能对本已紧张的关系造成伤害。即使打算支付远低于勒索方最初要求的赎金，也不要通过要求勒索软件团伙接受非常少量的赎金作为第一响应而开始谈判。

谈判大师建议用少量的回复来重新建立对话。这是一种常见的谈判高手战术，但只适用于勒索方几乎没有其他选择的场景，例如，真实世界中的人质劫持。现实世界的绑架团伙，即使参与了十几起绑架事件，也很少有机会获得金钱。基本上，绑架人员必须尽其所能得到想要的钱财，因为下一次绑架风险太高而且难以实施。

然而，勒索软件团伙有很多其他潜在受害方，几乎没有受到惩罚的机会。每一笔交易都是低风险的，下一笔交易是低风险的，之后的交易也是低风险的。勒索软件团伙的谈判代表不必接受或放弃，几乎没有任何动机同意大幅降低勒索的赎金。大幅降低勒索赎金(即总是得到比勒索要求低得多的赎金)可能赢得好名声，但几乎没有勒索软件团伙想要这种虚名。

11.8　立即支付全部赎金

千万不要第一次受到勒索时就立即支付全部赎金。许多勒索软件受害方组织的谈判记录显示，勒索软件团伙要求支付一笔金额，受害方组织立即同意全额支付。可以这么做，但会增加攻击方找借口勒索更多钱财的风险。也许支付的赎金只会释放部分解密密钥。大多数勒索软件团伙都位于国外，预计会在那里就巨额赎金展开谈判。支付最初勒索金额的四分之一或二分之一是可行的。既不会羞辱勒索软件团伙，也不会导致勒索团伙认为应该索要更多赎金。

11.9　与勒索软件团伙发生争执

再次强调，不要侮辱勒索软件团伙。令人惊讶的是，有很多受害方组织最终侮辱了正在谈判的勒索软件团伙。的确，受到犯罪团伙的攻击，犯罪团伙正试图窃取自己的钱财，确实令人受辱，让人生气！但是，如果组织侮辱勒索软件团伙，则不会从勒索软件攻击事故中获得最好的结果。如果想获得最好的结果，就需要友好，无需敌对，不要向团队宣泄负面情绪。受害方组织与勒索软件团伙谈判时，要保持冷静、温和的态度。

11.10　将解密密钥用于唯一数据副本

第一次尝试将密钥用于解密时，如果需要解密的数据副本是唯一副本，不要将解密密钥直接用于已加密的服务器、工作站或数据。解密流程或密钥错误导致最终损坏加密数据的情况并不罕见。如果不想彻底破坏唯一的数据副本。受害方组织应备份加密数据，再将加密数据还原到安全位置，随后再开始尝试解密。

11.11　不要关心根本原因

为了阻止勒索软件和攻击方的进一步入侵，必须缓解入侵组织环境的所有方法。许多勒索软件受害方组织忙于从勒索软件事故中恢复系统和数据，而没有仔细思考勒索事故是如何发生的。弄清楚勒索软件入侵的根本原因，似乎是不可能的。但是，通过对日志文件的审查和研究，通常能够找出一些有根据的正确猜测。很多时候，受害方组织在支付赎金后会询问攻击方是如何入侵的，有的攻击方会诚实地告诉受害方组织；其他时候，攻击方可能会说不确定，自己只是从其他勒索团伙购买了访问权限或口令。注意，询问入侵的根本原因没什么大不了的，尽可能多地询问勒索团伙是如何入侵受害方组织的。没有全面掌握勒索软件攻击的根本原因的受害方组织，尤其是在受害方组织拒绝支付赎金的情况下，更可能再次成为同类型攻击的受害方。

11.12 仅在线保存勒索软件响应方案

如果在线保留全部勒索软件响应方案，假设组织的整个在线环境在勒索软件事故中无法工作，组织将如何访问勒索软件响应方案？确保勒索软件响应方案以网络和纸质形式同时存放，以便在勒索软件事故期间，所有关键团队成员都能根据需要轻松访问勒索软件响应方案。

11.13 允许团队成员违规操作

勒索软件应急响应团队成员在勒索软件攻击期间"违规操作"并不罕见。这意味着，怀着善意的团队成员试图通过做违规的事情来"提供帮助"。示例包括：

- 在对外沟通之前，未经授权与媒体或其他受影响的利益相关方交谈。
- 会见多名谈判代表。主要谈判人员不知道其他人正在开展其他谈判工作。
- 致电其他尚未签署保密协议(NDA)的外部专家。
- 在生产系统上解密或尝试恢复系统和数据，最终销毁证据。

违规操作对于解决勒索软件攻击几乎没有任何帮助，只会让受害方组织面临更大的责任风险，特别是当应由官方法律代表负责所有与勒索软件事件相关的外部电话、电子邮件和联系时。

11.14 接受网络保险策略中的社交工程攻击 免责条款

即使网络保险已经比几年前更加昂贵，依然值得推荐。但要确保网络安全保险策略中没有因社交工程攻击或员工错误而导致勒索软件事故的免责条款。这种免责情况越来越普遍。由于社交工程攻击是最常见的攻击方法，因此允许这样的保单例外，本质上意味着接受不对最可能的攻击类型执行完全覆盖。受过良好教育的老练保险经纪方通常能够识别组织业务的各种需求，并帮助找到能够满足受害方组织需求的保单或承保方。例如，对于组织而言，保险策略的例外条款和次级限额(Sublimits)通常是不同的，因此，了解组织业务的经纪方能够帮助组织获得量身定制的适当保险覆盖范围。

11.15 小结

本章介绍了潜在勒索软件受害方应避免的常见错误和问题；主要包括不要侮辱勒索软件团伙，测试解密软件，找出受到攻击的根本原因，遵循勒索软件响应方案，等等。

在第 12 章中，将讨论最后一个主题，勒索软件的未来。

第**12**章

勒索软件的未来

前面讨论了如何处理当今的勒索软件威胁。本章将讨论勒索软件的未来以及针对勒索软件可能的防御措施。

12.1 勒索软件的未来

自 Roger 从事网络安全工作以来，人们从未停止询问 Roger 有关于网络和数据安全事件在来年会变好还是变坏的问题。每年 Roger 都预测情况会更糟，而且从来没有出现错误。在过去几年尤其艰难，网络和数据安全的情况非常糟糕，很难想象情况会变得如此之糟。长期以来，恶意攻击方和恶意软件在互联网上几乎拥有绝对统治权，能够肆无忌惮地在互联网上开展各类攻击和实施恶意行为，而且不必担心遭到报复。恶意攻击团伙因网络犯罪而被捕的可能性极低，甚至低于遭到雷击的可能性。貌似目前关于网络和数据安全态势的描述有些夸张，但所有组织都必须予以足够重视。

2019 年，勒索软件攻击包括网络和数据安全公司、医院、警察局，甚至多个城市在内的大量机构时，Roger 在想，"勒索软件会变得更糟吗？"然后就真的更糟了。2019 年底，勒索软件开始常态化地泄露数据、窃取身份验证凭证(例如，企业、员工和客户的凭证)、威胁和勒索员工和客户、利用相互信任的合作伙伴和客户实施鱼叉式网络钓鱼，并公开羞辱受害方组织。第 1

章中有过介绍，并将其称为"五重勒索(Quintuple Extortion)"。在之后的几年中，五重勒索已经成为常态，占所有勒索软件攻击的75%以上，甚至更多。所以 Roger 现在再次询问自己，"勒索软件还能变得更糟吗？"基于三十年的经验，Roger 知道短期内不会有更优秀的解决方案得以实施，在情况好转之前可能会变得更糟糕。

但是，总有一天，就像所有曾经流行的网络威胁(例如，宏病毒、电子邮件蠕虫和引导扇区病毒等)一样，勒索软件终将成为过去，或者对于有些没有准备的防御方而言只是一种小小的烦恼，而不会成为像今天一样的主要威胁。然而，就目前而言，勒索软件仍然是主要的威胁；即使不是主要威胁，在不久的将来可能会变得更糟。你可能会问"为什么会这样？"下面涵盖了 Roger 的推测。

12.1.1　超越传统计算机攻击

目前，勒索软件几乎能够攻击所有的传统通信设备。勒索软件的主要目标是 Microsoft Windows 系统，但也有些勒索软件变体攻击 Apple 和 Linux 计算机。勒索软件将从台式计算机向移动设备、工业控制系统(ICS)、数据采集与监视控制系统(Supervisory Control and Data Acquisition，SCADA)、可编程逻辑控制器(PLC)和物联网(Internet of Things，IoTs)等设备转移。

到目前为止，针对上述系统的勒索软件威胁大多数极其罕见，仅供演示之用。以下是针对上述系统的勒索软件演示的三个示例。

- ClearEnergy 勒索软件旨在破坏关键基础架构(Critical Infrastructure)、SCADA 和工业控制系统中的过程自动化逻辑(见 Link 1)
- 研究人员创建针对 ICS/SCADA 系统的 PoC 勒索软件(见 Link 2)
- 概念验证勒索软件锁定控制发电厂的 PLC(见 Link 3)

然而，很明显，上述系统肯定会受到常规网络犯罪分子和国家攻击方的关注。针对上述系统的攻击甚至不需要直接影响上述系统，仅是攻击其周围的计算机设备就能产生更高的风险，因此需要关闭非传统系统。例如，在 Colonial Pipeline 实例中就发生了这种情况，即结算系统(而非工业控制系统)

受到了影响。几十年来，人们一直担心针对非传统计算机系统的攻击，但最近几年，针对关键基础架构和制造业目标的成功或几乎成功的攻击数量出现了令人眼花缭乱的增长。

使用 ICS、SCADA 和 PLC 的公司通常涉及某种类型的关键生产，在保证工业生产运营方面承受着更大压力。众所周知，针对大型能源和食品生产公司的攻击导致了受害方组织迅速支付了巨额赎金，而勒索软件攻击没有直接攻击非计算机系统。想象一下，如果勒索软件直接攻击非计算机系统会发生什么。Roger 认为人们将看到现实世界的勒索软件针对更多非传统系统的攻击，因为此类系统直接涉及关键的业务运营和工业生产，所以更可能受到攻击，而且可用于防御的选项也更少。勒索软件防御开始在 PC 领域泛滥。在非 PC 领域，使用相同的防御措施却是闻所未闻的。犯罪分子更容易在聚集大量财富的地方实施犯罪活动，而且，随着传统计算机对勒索软件的防护能力越来越强，勒索软件团伙可能会瞄准保护程度较低的非 PC 系统，特别是在赎金数额巨大且能提前支付的条件下。

12.1.2 物联网赎金

互联网连接设备的数量已经超过了地球上的人口，而且这个数字只会继续上升。流行词"物联网"(IoT)已经出现，并用于描述现在包含连接互联网的计算机的非 PC 设备。这包括监视(Surveillance)摄像头、烤面包机、寻找物品的设备、"智能家居"设备、汽车、冰箱和电视等。

Bruce Schneier 在 *Click Here to Kill Everyone* 一书中指出，在不久的将来，物联网设备将更加丰富和廉价。Bruce 的想法可能是正确的。物联网设备将无处不在或内置于一切事物之中。随着物联网越来越受普及，IoT 更可能成为勒索软件的目标。

如一篇文章(Link 4)和一个 YouTube 视频(见 Link 5)所述，加密智能电视的勒索软件已经问世。图12.1 显示了实际智能电视勒索软件事故的屏幕截图。

人们可以看到，IoT 设备勒索软件似乎类似于第 1 章中提到的假冒 FBI 恐吓软件，只是重新启动电视而并没有将其清除。恢复包括将电视重置为其原始固件状态(即硬恢复出厂设置)。

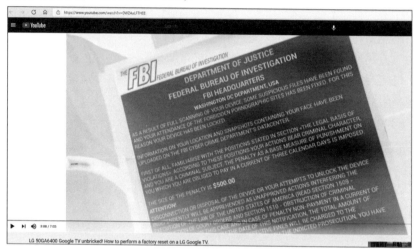

图 12.1　YouTube 视频显示电视勒索病毒事件

在 2016 年和 2017 年报道了几起上述事故后，Roger 预计会看到一大批电视受到勒索并支付赎金，但事实上并没有发生。Roger 确实读到过有些智能电视受到攻击的消息，大部分在亚洲国家，但受到攻击的似乎都是同一品牌的电视，由 LG 电子制造，运行 Google 的 Android 电视软件(见 Link 6)。仅此而已。

Roger 最好的猜测是，攻击电视的特定勒索软件实际上是针对 Android 手机的，只有特定电视型号容易受到移动木马的影响，因为电视和手机共享 Android 的软件和组件。此外，电视很少存储具有重要价值的数据(可能是一张信用卡)，所以人们更不愿意支付赎金。因此勒索软件袭击数百万台电视的巨大恐惧并没有成为现实。这是一件好事！

尽管如此，攻击方总是喜欢攻击流行的系统。早在 20 世纪 80 年代，攻击方就曾经入侵 Apple 计算机，当时 Apple 是最受欢迎的个人计算机。然后，当 DOS 和 Microsoft Windows 计算机变得受欢迎时，攻击方又调整了攻击目标。现在，攻击方的攻击目标又转向了 Apple 计算机，而不是 Windows 计算机。

Roger 预计，随着物联网设备的激增，人们将看到更多针对物联网的攻击。与前面讨论的 ICS、PLC 和 SCADA 系统一样，IoT 设备更容易受到攻击，并且可用的防御措施将会更少。而事实是，大多数 IoT 设备没有大量有价值的数据，也没有受害方害怕个人信息泄露到互联网，但这种现状是会改变的。如今已经出现围绕私人网络摄像头视频和手机图片的敲诈勒索行业，只是暂时还未由勒索软件团伙利用。

12.1.3 混合目的的攻击方团伙

混合目的的攻击方团伙今天已经存在，并且是当今勒索软件团伙使用的五重勒索策略的自然延伸。勒索软件犯罪分子意识到，一旦入侵受害组织或设备，犯罪分子能够实现任何目的。传统上，勒索软件团伙制造勒索软件，僵尸(Bot)网络供应方制造并使用僵尸，加密矿工窃取计算机资源，等等。

大约十年前，网络安全记者 Brian Krebs 发表其对遭到攻击方入侵 PC 价值的总结(见 Link 7)。总结了受感染的 PC 及其数据可能遭受勒索的所有方式。如今的职业罪犯在整个受害方组织的环境中本质上有着相同的价值主张，以下是潜在目的：

- 将窃取的数据出售给报价最高的一方
- 使用窃取的资源挖矿
- 将窃取的资源(如儿童性虐待材料)用于未经授权的存储。
- 获取、使用或出售失窃口令
- 创建僵尸网络以攻击其他受害方
- 发起分布式拒绝服务(Distributed Denial Of Service，DDOS)攻击
- 针对可信联系人实施鱼叉式网络钓鱼攻击
- 发送垃圾邮件
- 加密数据和索要赎金
- 建立指挥和控制服务器
- 其他用途

上述用途已在现实中发生，只是通常由具有特定专长的参与方(Player)

使用。聪明的勒索软件团伙，特别是在传统勒索软件受到削弱的情况下存活下来并蓬勃发展的团伙，将超越单纯的勒索软件行为。聪明的勒索软件团伙观察所有受害方，计算受感染客户端的最高利用率。只有不成熟、愚蠢的网络犯罪集团才不会试图最大化所有受害方组织所带来的利润。大多数犯罪集团更加专业。利润最大化是所有犯罪团伙的目标。

那么，勒索软件怎么会比今天更糟呢？Roger 预计勒索软件组织将开始攻击非传统的计算机设备，并开始做更多事情，而不仅是五重勒索。Roger 很希望自己的预测是错误的。

12.2　勒索软件防御的未来

这并不是说，防御方将对勒索软件日益增长的威胁无动于衷。随着攻击后果的加剧，响应方和防御方最终会反击。最终，社会将击败勒索软件。

正如第 2 章所述，这需要结合更好的个人安全控制措施，关注并缓解勒索软件攻击成功的根本原因，改善整个互联网环境，提升互联网的整体安全态势，以及采取其他政治解决方案。下面是如何预防和防御勒索软件的延展，Roger 认为预防措施将在不久的将来蓬勃发展，总体分为技术和战略两部分。

12.2.1　未来的技术防御

未来的技术防御可以分为两个主要类别：本地勒索软件防御应用程序和人工智能(Artificial Intelligence，AI)防御。

1. 勒索软件安全应用程序和功能

随着勒索软件越来越成熟，勒索攻击所造成的灾难范围也逐步扩大，寻求更多利润的计算机防御供应方将研发出更多针对勒索软件的专用防御措施。勒索软件防御措施要么是专门用于击败勒索软件的套装产品，要么是用于添加到现有产品中的额外功能。

1) 通过启发方式检测勒索软件

当然，未来最关键的防御措施是能够检测、阻止勒索软件活动并发出警告的应用程序或功能。其中大部分应用程序或功能都涉及持续监测文件系统并执行异常分析活动。如果防御系统检测到异常的读/写级别、文件名或扩展名的变化、文件哈希值的变化或过度移动，则可能检测到初期的恶意加密活动。数据泄露检测机制能够查找异常级别的数据泄露事件。

2) 预警文件

欺骗技术(Deception)是为了防御勒索软件攻击而提供的强有力解决方案，如蜂蜜文件(又名金丝雀文件或红鲱鱼文件等)。欺骗技术在文件系统或网络周围放置了若干"虚假"文件。"虚假"文件除了受到被动技术持续监测之外没有任何主动行为。如果未经授权的进程接触虚假文件，则会立即发出警告并开展事故响应调查工作。

3) 黑洞

当检测到类似勒索软件的活动时，所涉及的进程能够重定向到伪造的文件系统，在伪造的文件系统中，潜在的恶意活动将会继续发生。黑洞(Blackholing)已经存在了几十年，并一直成功地用于对抗恶意软件。组织只需要更新黑洞来寻找类似于勒索软件的行为。

4) 捕获加密密钥

勒索软件防御方正在推广寻找和捕获勒索软件加密/解密密钥的防御措施。加密密钥捕获工具持续监测进程，当检测到类似于勒索软件的进程时，查找并记录所涉及的加密/解密密钥。所有加密/解密密钥最终都必须被使用，或派生出明文形式。加密密钥捕获软件能在使用勒索软件加密/解密密钥时捕获加密/解密密钥，因为加密/解密密钥已经使用，并允许轻松恢复。研究人员已经成功地展示了一个名为 Paybreak 的简单软件，Paybreak 可用于对抗WannaCry 勒索软件，见 Link 8。

2. 人工智能防御和机器人

人工智能和支持人工智能的机器人(和机器学习)正在用于改善网络安全防御。当然，人工智能及其机器人也将用于识别和修复勒索软件。Roger 预计所有网络安全的未来将是一场正义的人工智能和机器人与邪恶的人工智能和机器人之间的战争，谁拥有更好的算法，谁就能取得胜利。虽然总会有人员参与防御和攻击，但随着时间的推移，人们肯定会看到正邪两方自动化程度的提高。

但是，勒索团伙也在努力破解每种防御战术，勒索团伙能够通过分析防御方的防御活动，发现防御方通过分析哪些攻击行为能够检测出勒索软件。勒索团伙会改变勒索软件的攻击方式，包括放慢攻击频率，升级攻击手段以达成同样的攻击目的，或者寻找新的攻击点。只要勒索软件犯罪分子能够非法获利，且受到惩罚的可能性较低，勒索软件就将继续成为一个大问题。这就是为什么在人们取得超越个人设备、系统和受害方组织层面的战略胜利之前，无法最终击败勒索软件的原因。

12.2.2　战略防御

战略防御在第 2 章中已经有过介绍，此处简单回顾一遍。

1. 专注于缓解根本原因

打败攻击方和恶意软件需要人们专注于允许其入侵的方法。只有关闭漏洞(例如，社交工程、未修补的软件、弱口令和窃听等)，才能阻止攻击方和恶意软件的入侵。专注于发现最大的风险；对于大多数公司而言，就是社交工程、未修补的软件和口令问题。但无论是什么，都要确定公司面临最大的威胁是什么，然后实施缓解措施以降低风险。首先从最大的、最可能的威胁开始，然后按照优先级列表逐一处理。

2. 改善地缘政治

攻击方及其恶意软件的创建激增的原因之一是人们无法逮捕勒索软件团伙。人们需要一个数字化的类似于《日内瓦公约》的全球协议，规定国家能够做什么、不能够做什么，以及在得到不道德或非法攻击方行为的证据时，所有国家同意做什么。除非所有国家都一致认定勒索软件是非法的，并予以严厉打击，否则勒索软件将继续从网络犯罪避风港中四处出击。需要强有力地激励所有国家帮助打败勒索软件，以符合各国自身的最大利益。

3. 体系化改进

人们还需要所有国家及其盟国都同意在国家层面开展体系化改进。IST的"打击勒索软件：全面的行动框架：关于勒索软件工作组的关键建议"(见Link 9)是针对体系化改进的出色总结。列出了建议美国政府采取的 48 项独立行动，用于缓解勒索软件风险。

许多建议都要求建立一个集中的、协调的、政府/私人赞助的组织，用来直接打击勒索软件和勒索团伙。建议包含了多项行动，包括：

- 建立跨情报机构工作组和团队以打击勒索软件。
- 将勒索软件指定为国家安全威胁(这是在报告发布后执行的)。
- 建立打击勒索软件犯罪分子的国际联盟。
- 创建勒索软件调查中心的全球网络。

4. 使用网络保险作为工具

许多勒索软件防御方认为，覆盖勒索软件攻击的网络保险的兴起是勒索软件攻击增加的要素(Factor)之一。然而，勒索软件攻击及其赎金要求的惊人增长也给网络保险行业带来了巨大挑战。如今，勒索软件保险更难获得。正如第 3 章所述，如今，愿意提供勒索软件保险的保险公司越来越少，即使是只愿意提供更小保险范围、增加保费、增加免赔额的保险公司也越来越少。

其结果是，网络保险行业不再向任何潜在客户提供勒索软件保险。如今，客户必须证明其具有网络弹性，并遵循行业最佳实践。Roger 认为网络保险可以用来帮助更多组织提高本地网络安全水平。有相当大比例的组织在申请网络安全保险时首先需要改变其松懈的网络安全实践。有人认为网络安全保险行业引起了勒索软件的增加，但 Roger 认为网络安全保险行业也提供了另一种缓解勒索软件威胁的途径。

5. 全面提高互联网安全水平

人们还必须加固互联网，以创建一个比现今更安全的计算环境。Roger

在第 2 章中讨论了这一建议，并就如何实现这一建议提供了更详细的解决方案(见 Link 10)。除非人们能够显著提高互联网的安全水平，能够更好地识别和阻止恶意行为方，否则攻击方和恶意软件将继续猖獗。

12.3　小结

第 12 章涵盖了 Roger 所认为的勒索软件和勒索软件防御的未来。未来的勒索软件可能会经常攻击非传统平台，如 ICS、PLC、SCADA 和 IoT 设备。人们还将看到勒索软件团伙从如今的五重勒索技术转变为混合目的的攻击方组织，新型勒索团伙寻求从所有受害方组织获得最大限度的非法收入。

本章还介绍了未来可能的勒索软件防御，包括技术防御、更好的勒索软件启发式方法、金丝雀文件、黑洞技术、加密密钥捕获工具、人工智能防御和机器人。战略防御可能包括改善地缘政治、体系化改进、使用网络保险作为工具进而提高本地安全水平和能力，以及提高互联网的整体安全态势。

12.4　书末赠言

本书至此结束。Roger 希望你已经了解了很多有关如何预防和缓解勒索攻击的技术。最重要的概念是，必须更努力地防止勒索软件获得成功。这意味着识别和缓解最常见的导致勒索软件成功的根本原因。通常，这意味着更好地对抗社交工程策略、更好的软件补丁、使用多因素身份验证(Multi-factor Authentication，MFA)以及使用完善的口令策略。更好地专注于这些建议将使勒索软件以及所有攻击方和恶意软件更难取得成功。

最后，不要等待勒索软件成功攻陷用户环境才决定将做什么。相反，要积极主动，超前思考，制定勒索软件事故响应方案。应思考做什么，如何做，以按照什么顺序展开工作。努力避免成为受害方。提前为紧急情况制定周密方案的组织几乎总是比没有这样做的受害方做得更好。

　　若有任何问题、评论或建议，请随时发送电子邮件至 roger@banneretcs.com。Roger 会随时关注电子邮件信息。也可在 LinkedIn(见 Link11) 和 Twitter(@rogeragrimes) 上关注 Roger。

　　吸取了本书呈现的宝贵经验，继续努力吧，争取获得胜利！